风景园林设计的
要素○与实践

樊 丽○著

中国水利水电出版社
www.waterpub.com.cn
·北京·

内 容 提 要

本书是与园林设计有关的理论著作,重点围绕园林设计的要素和实践有关的内容展开研究。

本书主要内容包括风景园林设计的基本知识,园林设计的构成要素,园林设计的依据、原则与形式美,风景园林的设计程序与方法,风景园林设计的图纸绘制与设计实践等。同时,书中重点论述了风景园林设计的具体案例,使理论和实践结合起来,充实了书中的知识要点。

本书结构合理、条理清晰,内容丰富新颖,是一本实用性与可读性兼具的理论著作。

图书在版编目（C I P）数据

风景园林设计的要素与实践 / 樊丽著. -- 北京：
中国水利水电出版社，2017.5（2025.6重印）
ISBN 978-7-5170-5429-0

Ⅰ. ①风… Ⅱ. ①樊… Ⅲ. ①园林设计 Ⅳ.
①TU986.2

中国版本图书馆CIP数据核字(2017)第119137号

书 名	风景园林设计的要素与实践 FENGJING YUANLIN SHEJI DE YAOSU YU SHIJIAN
作 者	樊 丽 著
出版发行	中国水利水电出版社
	（北京市海淀区玉渊潭南路1号D座　100038）
	网址：www.waterpub.com.cn
	E-mail：sales@waterpub.com.cn
	电话：（010）68367658（营销中心）
经 售	北京科水图书销售中心(零售)
	电话：（010）88383994、63202643、68545874
	全国各地新华书店和相关出版物销售网点
排 版	北京亚吉飞数码科技有限公司
印 刷	三河市佳星印装有限公司
规 格	170mm×240mm　16开本　17印张　220千字
版 次	2017年8月第1版　2025年6月第3次印刷
印 数	0001—2000册
定 价	52.00元

前　言

　　园林是在一定的地域运用工程技术与艺术手段,通过改造地形或进一步筑山、叠石、理水,种植树木、花草,营造建筑和布置园路、园林小品等途径,创作的自然环境和游憩环境。风景园林设计属于一门应用科学规律、艺术与工程技术手段,综合处理自然和人工环境以及人类相关活动规律的复杂性关系,以此来维护城市的生态平衡、创造一个十分优美而舒适的自然环境的学科。它也属于一门科学技术与艺术高度综合的应用型学科,实践性极强,动手操作较多,同时还是研究园林设计理论与方法的学科。

　　随着现代社会的不断进步,我国社会、经济发展的不断深入,国家综合实力也在不断地增强,人民生活水平得到极大的提高,"园林"在现代城乡建设过程中所起到的作用也越来越重要。由此便催生出了很多人学习风景园林设计方面的知识,这也就为中国园林设计的发展提供了大量的后备力量。当前市场上园林规划设计方面的书籍数不胜数,由此造成很多园林设计专业人士在选择书籍时出现一定的困难,找不到自己需要的知识和选择的方向。基于此,笔者撰写了本书,为广大园林设计方面的人士提供一些参考。

　　《风景园林设计的要素与实践》一书总共分为六章,其主要的内容包括:第一章是绪论,重点论述风景园林的基础知识;第二章是风景园林的构成要素,重点论述构成园林的有关要素;第三章是风景园林设计的依据、原则与形式美,将风景园林设计的相关法则呈现出来;第四章是风景园林的设计程序与方法,对园林设计的程序、方法等进行了论述;第五章是风景园林设计的图样绘制,论述了绘图方面的知识;第六章是风景园林的设计实践,主要对各种类型的风景园林设计和实例进行了分析。

本书,在写作过程中努力突出以下优势:首先,结构合理,从基本知识到具体事例,结构搭建符合相关要求;其次,内容完整,收录了风景园林设计的多方面知识,层层深入;最后,语言精练,对风景园林设计有关的要素和具体案例等知识的分析,都采用专业术语加以表述。

在撰写本书时,作者也得到国内外很多专家学者的大力支持,同时也参考借鉴了一些国内外学者的有关理论、材料等,对此一并表示感谢,书中所引用的部分未能一一注明的,敬请谅解。由于本人水平有限,书中难免会有不妥之处,还望读者不吝赐教。

作者

2017 年 4 月

目 录

第一章 绪 论

当今，随着时代的发展，我国城市化的脚步越来越快，城市景观环境也越来越受到重视，园林学的实践与理论研究都取得了进步，园林的内涵和外延正随着时代、社会、生活和相关学科的发展，不断丰富和扩大着。本章将对风景园林设计的相关理论进行论述。

第一节 风景园林的概念

园林的概念可以理解为：在一定的地域运用工程技术和艺术手段，有目的地通过改造地形（或进一步筑山、叠石、理水）、种植植物、营造建筑和布置园路等途径创作而成的自然环境和游憩境域。[①]在园林设计与营建的过程中，"有目的地改造创作"是它的本质，最终的目的是获得精神上的享受。因此，园林的定义是十分宽广的。

园林在中国传统文化当中通常被称作园、苑、园亭、山池、池馆、别业、山庄等，西方国家则称之为 Garden、Park、Landscape Garden。虽然它们存在着性质、规模、地域、景观的差别，但都具有一个共同的特点，即在一定的地段范围内，利用改造天然山水地貌或者人为地开辟山水地貌、结合植物的栽植和建筑的布置，构成供人们观赏、游憩、居住的环境。所以说，园林的概念和性质并没有随着时间、地域的不同发生本质的变化。

---

① 李开然.园林设计[M].上海：上海美术出版社，2011.

　　中西方园林在文化传统、思维方式、社会背景等方面具有不同的特点，因而产生了各自不同的设计风格（图1-1）。不论是中国还是西方，现代园林虽然与传统园林有较大区别，但二者始终具有一脉相承的关系。

图1-1　风格不同的中西方园林

　　创造这样一个环境的全过程（包括设计和施工在内）一般称之为造园或园林。《中国大百科全书·建筑园林·城市规划》对园林学这样下定义："园林学是研究如何合理运用自然因素、社会因素来创造优美的、生态平衡的、人类生活境域的学科。"

第二节　风景园林师的职业素养

　　大多数风景园林师都认为不能简单从字面意思来定义他们的职业。这个领域固有的多样性是优点与缺点并存的。缺点在于这个领域如此广泛而难以界定，因此很难被外界人士充分了解。其优点也在于它的多样性使很多人受益于风景园林师的工作，如上所述，它可以让有各种兴趣与实力的个体在该领域中找到一份满意的工作。风景园林师要具备如下职业素养。

一、合理的知识结构

设计师要把存在于场所的特征与气氛表达出来,必须依赖一定的物质技术手段,因此,设计师应该对场所的自然材料(包括材料的质感、色彩、力学性质、特殊用途等各方面)全面了解,对当地的园林营建的传统技术、地方的装饰工艺及当前的先进技术工艺等了然于胸,能够针对不同工程环境采取灵活多变的对策。

二、良好的职业道德

设计师的职责是寻求人与环境的有机联系,创造一个为人们可利用的、喜爱的、具有一定艺术品质的环境。从环境的角度来说,设计师应该尊重场所内部的生态环境,并考虑对外部环境的影响,避免以牺牲生态环境为代价来达到其他方面的目的。从功能的角度来说,设计的场所是为该地域的广大人群服务的,要考虑绝大多数人的需求,要遵循普遍的规律,创造标准化的或有序的人类活动场地,反对为体现少数人的意志而做出漠视广大人民现实需求的设计。

三、求实的工作态度

设计不是画图,不是形式与技巧的炫耀,我们反对不顾场地现实、没有深入场地调研分析的"闭门造车"式的设计,反对一切没有实际根据的"风格"或"主义"的园林设计。

最真实的设计是从项目周边及内部的现实入手,区别对待不同区域和场地的设计。设计中受到的限制来自于现有的环境或自然与社会的条件,由于这些客观条件的不同,我们的环境设计由可见与不可见的因素制约着。因此,设计师应该顺应这些不同条件,也就是说要理解空间和社会限制是首要的设计因素,如果忽视了这一环节,后面的形式、技巧、工程技术再好,最终的景观也是空中楼阁。

事实上,设计的天才们是那些懂得如何尊重自然、社会和现有环境,同时善于思考和勇于创新的人,也就是说,设计要遵从"环境共生"法则。

四、开放的理论系统

中国景观规划设计在全球化背景下正面临着前所未有的发展机遇,也正经历着一个空前复杂、充斥着各种干扰的创作境遇。风景园林师要在了解传统、继承和发展传统的基础上,以开放的心态学习、借鉴外国景观规划设计的优秀品质,致力于在当前世界多元化图景中建立一种富有想象力和创造性的当代中国景观。要使景观的发展跨越障碍,实现可持续,则要求景观设计做出相应的拓展,首先应该是观念上的拓展,要形成开放的理论系统。

设计师应该综合考虑项目的可建设性和可操作性,我们是一个发展中的国家,建设资金、资源有限,同时地区经济及资源分布差异很大,设计师一定要根据当地的经济现实和资源条件来考虑方案的可行性,尽一切可能节约资金成本,减少资源的浪费。

在当前我国高速城市化进程中,在社会官本位思想严重的现实面前,设计师更要坚持应有的职业道德和社会良知。

第三节　风景园林学科

一、风景园林学的研究方向

风景园林学是一门对土地进行规划、设计和管理的艺术科学,它合理地安排自然和人工因素,借助科学知识和文化素养,本着对自然资源保护和管理的原则,最终创造出使人愉快的美好环境。

风景园林学包括六个研究方向:风景园林历史与理论(History

and Theory of Landscape Architecture）、风景园林规划与设计（Landscape Design）、大地景观规划与生态修复（Landscape Planning and Ecological Restoration）、风景园林遗产保护（landscape Conservation）、园林植物与应用（Plants and Planting）、风景园林工程与技术（Landscape Technology）。

二、我国风景园林学科的发展

中国最早的园林是利用天然山水、挖池筑台营造的供天子和诸侯祭祀、观天象、狩猎游乐的游憩场所。随着历史的变迁,园林研究从艺术角度探讨造园理论和手法,从工程技术角度总结造山理水、建筑营造、花木布置的经验。1634 年,明代造园家计成所著《园冶》系统总结了中国传统造园实践和理论,提出造园要"相地合宜,构园得体""巧于因借,精在体宜""虽由人作,宛自天开"等,被公认为世界最早的园林专著。清初,西方造园理念开始影响中国,比如南方的一些私家园林中出现了带有西式园林艺术特色的建筑和装饰。乾隆年间,皇家园林圆明园中的西洋楼建筑群,更是对西方园林全面、完整的模仿。1868 年,外国人在上海租界建成外滩公园,这是中国第一个现代公园。

新中国成立后,我国园林建设行业取得显著成就,一大批历史园林得到妥善保护和修缮,部分对公众开放,与众多新建的各类园林绿地一起,为服务人民大众的休闲生活、改善城市居住环境发挥了重要作用。20 世纪 50 年代以后,我国风景园林学科进入城市绿地系统层次。70 年代开展了风景名胜区工作,80 年代以后风景园林工作领域更加拓展,包括水系、湿地、高速公路、人居环境、开发区和科技园区等各种风景园林规划设计。与此同时,我国园林学科领域迅速扩大,由传统园林营建发展到城市园林绿化,以及以风景名胜区为主的自然与文化资源的保护利用等研究领域。

在专业教育领域,中国古代园林主要是由文人、画家和匠师等负责设计营建,匠人师徒相承,没有专门学习园林技艺的教育机构。20世纪20~30年代,一些海外学习和研究园林的学者归国,在农林、建筑学院从事造园教育,推动了我国近代园林学科的发展。1925年,朱启钤等成立了我国第一个以科学方法研究中国古代建筑的研究机构——"中国营造学社"。学社将造园史列为重要研究工作,主要集中在北京宫苑研究、古籍整理、古代工匠研究和江南园林研究四方面,开启了我国建筑学领域造园史研究的先河。

1949年,复旦大学、浙江大学、武汉大学的园艺系开设观赏组(造园组);1951年由北京农业大学园艺系、清华大学营建系合办的造园专业,是中国高等院校中园林教育建系的开端,也是北京林业大学园林学院的前身;1979年同济大学首创风景园林专业(工科);1992年北京林业大学成立了我国第一个园林学院;1986年,国家教育委员会决定,设置园林专业(综合性,设于林科院校)、风景园林专业(侧重规划设计,设于工科及城建院校);2011年,我国确立了风景园林学为一级学科,真正形成了风景园林学、建筑学、城乡规划学三大学科并驾齐驱的格局。

经过50多年的发展,中国的风景园林学科已经成为保护、规划、设计和可持续性管理人文与自然环境,科学、技术和艺术高度统一,具有中国传统特色的综合性应用型学科。它是我国生态文明建设的重要基础,担负着保障社会和环境健康发展、提高人类生活质量、传承和弘扬中华民族优秀传统文化的重任。

风景园林学是一门古老而年轻的学科。作为人类文明的重要载体,园林、风景与景观已持续存在数千年;作为一门现代学科,风景园林学可追溯至19世纪末20世纪初,是在古典造园、风景造园基础上通过科学革命方式建立起来的新的学科范式。从传统造园到现代风景园林学,其发展趋势可以用三个拓展描述:第一,服务对象方面,从为少数人服务拓展到为人类及其栖息的整个的生态系统服务;第二,价值观方面,从较为单一的游憩审美价值取向拓展为生态和文化综合价值取向;第三,实践尺度方面,从中微观尺度拓展为大至全球小至庭院景观的全尺度。

三、风景园林的学科地位

（一）风景园林的学科属性

关于风景园林学科的属性,目前在中国尚有争论。[①]目前,根据国务院学位委员会的统计,我国风景园林领域的博士、硕士学位研究生分布在三个学科。

（1）工学门类—建筑学一级学科—城市规划与设计（含风景园林规划与设计）二级学科。

（2）农学门类—林学一级学科—园林植物与观赏园艺（含风景园林规划与设计）二级学科。

（3）文学门类—艺术学一级学科—设计艺术学（含风景园林规划与设计）二级学科。

作者认为它们事实上是同一学科的不同称谓,如在现代风景园林发源地的美国,该学科就广泛分布于各类综合性、农林及艺术院校中,只是因不同学校学科专长不同而自成特色,从另一个侧面也为风景园林学科范畴的延伸提供了可能。

（二）风景园林与各学科的关系

（1）王绍增先生认为:风景园林与各学科的关系如图1-2所示。

---

① 目前,教育部本科专业目录中确定的园林本科专业学位为农学,而2006年新批准的3个本科新专业风景园林、景观学、景观建筑学皆为工学,这4个本科专业的内涵与范畴并没有明确的界定。在研究生教育层次上,2005年风景园林硕士专业学位正式开始招生。

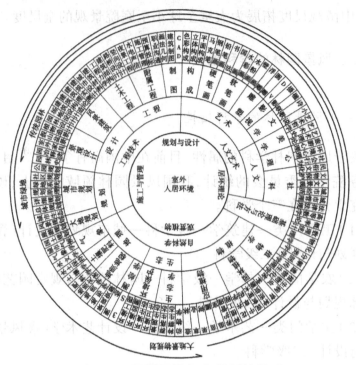

图 1-2 风景园林与各学科的关系

（2）中国台湾学者陈文锦博士：把风景园林与各学科关系简略成图 1-3 所示。

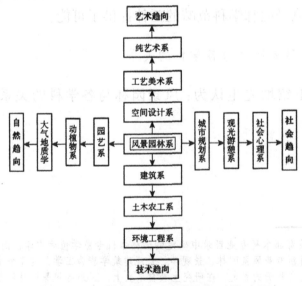

图 1-3 风景园林与各学科关系简略图

（3）俞孔坚博士认为：景观设计学（风景园林）与建筑学、城市规划、环境艺术、市政工程设计等学科有着紧密的联系。

（4）刘滨谊教授认为：建筑学、城市规划、风景园林三位一体。

（5）作者的阐述：风景园林学科是一门多学科交叉的边缘学科，它涉及如下学科：生命科学（如植物学、动物学等）、资源与环境科学（如地理学、生态学、水土保持、土壤学、气象学、地质学等）、建筑学（如城市规划等）、工程技术学（如园林工程、园艺技术、环境生态工程、人体工程学、3S技术等）、文化艺术学（如美学、文学、艺术史等）。

第四节　与风景园林相关的学科

一、景观生态学

1939年德国地理学家特洛尔最早提出了景观生态学（Landscape Ecology）的概念。它是以整个环境系统为研究对象，以生态学作为理论研究基础，通过生物与非生物以及与人类之间的相互作用与转化，运用生态系统原理和系统方法来研究景观结构和功能、景观动态变化以及相互作用、景观的美化格局、优化结构、合理利用和保护的学科。

生态学的发展成为第二次世界大战以后解决日益严重的全球性人口、粮食、环境问题的有效途径，这对全球土地资源的调查、研究、开发和利用起到了强烈的促进作用，并掀起了以土地为基础的景观生态学研究热潮。其中以麦克哈格的著作《设计结合自然》为代表，建立了以生态学为基础的景观设计准则，在这里现代主义功能至上的城市规划分区方式不再是设计的唯一标准，转而主张尊重土地的生态价值并将土地的自然过程作为设计的依据。

随着遥感、地理信息系统（GIS）等技术的发展与日益普及，现代学科呈现出交叉、融合的发展态势。景观生态学着力于对水平生态过程与景观格局之间的关系、多个生态系统之间的相互作用和空间关系的研究。景观生态学在多行业的宏观研究领域中被认同和关注，有着良好的应用前景。

二、景观规划设计

规划是景观设计中极为关键的一项内容，是景观设计的基础，是整个景观设计工程的主导，直接决定和关系着景观设计工程的整体质量以及长远发展。

景观设计中所涉及的规划是直接与城市规划有关的，但又在一定程度上表现得不完全一致。因为，景观设计大多是在政府宏观调控下的，在城市规划设计部门的规划基础之上的具体的设计行为。就我国目前的情况来看，景观设计师可能有望直接参与城市规划部门在重大规划项目中的方案制定和设计工作，成为紧密协作的专业队伍中的重要成员，但不大可能充当城市规划师的角色。因此，从艺术设计的角度出发，可以将规划划分为两类：一类是宏观角度的城市综合土地规划，即城市规划师所从事的规划；另一类是具体景观项目工程中的规划，即景观设计中所涉及的"场景规划"。二者本为一体，但又存在专业上的具体区别，在一定程度上，前者对于后者更具有制约作用。

三、园林设计

从学科体系的角度上讲，园林（学）与景观设计学之间并没有太大的区别，从一定程度上讲是可以等同的。当然，这是从大的概念上讲的。比如景观设计学中需要涉及规划、园林（绿化）、建筑、市政工程、艺术设计以及大众行为心理等方面的学科内容；园林学几乎也同样涉及这些内容。景观设计学注重于生态学的研究，园林学也同样如此，而且早有建树，中国古典园林中就有很好的例证。山、水、植物、建筑是园林艺术中的四大构成元素，也是景观设计中最为根本的构成要素。区别在于人们对于二者的认识和由此产生出的观念上。园林学与景观设计学,因二者分别产生于不同的背景时代,必然传达出较强的和各自不同的时代特征。同时,因受当时政治、经济、人文等方面的影响,园林学与景观设计学必然也会在各自的内涵上产生区别。所以,从这个意义上讲,园林又不等同于景观设计。

在历史发展中,园林学产生于前,景观设计学发生于后。园林是景观设计的基础,是景观设计的核心。园林有着自己非常悠久的发展历史,在世界范围内,中国、西亚、希腊是著名的三大园林系统的发源地,都为人类发展做出过不可磨灭的贡献。景观设计在园林艺术的基础上,进一步扩充了它的内涵,并最终成为具有划时代人文理念的学科体系。

在景观设计中,园林实际上主要是指园林学中所包含着的一些构成元素,而不是指整体概念的园林学。如园林中的山(包括对自然山体的巧妙而恰当的利用,以及人工的叠石堆山)、水(包括对于自然水体的合理恰当的利用,以及人工的理水造湖)、植物(包括对自然植物,特别是对珍稀或古老植物的保护,以及人工对于草地、灌木、乔木等植物的科学培植和合理规划)三个方面。园林(山、水、植物)是景观设计的核心,更是维护整个地球自然生态系统的核心。

在实际工程中,对于植物、水系统以及山石等园林要素的技术性工作方面,景观设计师在掌握其一般性常识的基础上(如植物的种类、生长地区及习性、基本造型等),更多的是需要相关专家的指导和配合,从而使景观设计得到合理的和科学的完美体现。

四、建筑设计

建筑是景观设计中最为重要的构成因素之一。建筑是科学同时也是艺术,在我国的学科体系中,建筑自成体系,称建筑学。

建筑是建筑物和构筑物的通称,是一个多元素的复杂存在,建筑具有物质意义,同时也具有精神意义。建筑学中包括极其深广的知识内容,显然不是本书详细而深入地进行分析和研究的范围,也非作者能力所及。但是,鉴于建筑对景观设计所产生的重大影响,我们又不得不对建筑在功能、形式风格以及外部装饰方面做必要的,然而是粗略的分析和探讨。

由于中西方文化方面的差异,反映在建筑艺术中也会出现较为明显的区别。西方国家在长期的建筑艺术探索中,大致经历了古埃及、希腊、罗马以及拜占庭、哥特式、文艺复兴、巴洛克、洛可可以至后来的现代和后现代建筑发展时期。其不同时期所具有的独特而美好的建筑艺术风格,给后人留下了不可磨灭的深刻印象。中国建筑艺术受本土传统文化以及一整套哲学观念、伦理和宗教思想的影响,在建筑艺术发展过程中,显示出博大、深远、含蓄的意境之美和独特结构形式的建筑风格。

建筑所具有的实际功能有很多,但最终可归纳为实用、生理、审美三类,离开功能需要的建筑无丝毫的存在意义。建筑中包括为政府机关人员工作的场所,有为学生提供教育的学校教室,以及为满足人们住宿、饮食、购物、娱乐、医疗、安全、卫生等公用或私家场所和设施。建筑大都根据具体的使用要求而呈现出特有的艺术风格,其外部装饰也各具风采;另外,还有部分建筑出于具体要求制作或接受的广告等。这些都为景观设计师提供了极为重要的创作素材。

五、市政工程

市政工程主要是指道路、桥梁以及其他公共设施。市政工程是景观设计中的重要组成部分,同时也是城市发展的重要标志。

当然,对于道路、桥梁的规划与设计,目前在我国可能还不是景观设计部门能够解决的问题,它们基本上是由城市规划部门来完成。只有在一些特定的功能区域,例如,在公园、学校、居民区,以及其他不在政府宏观调控下所具体限定的区域和项目,这种情况下的道路和桥梁的规划与设计,才可能成为景观设计部门中具体的工程设计内容。但是,无论如何,道路与桥梁的规划与设计,无疑早已成为景观设计,特别是城市景观设计中最为基本的构成和设计内容。在城市发展中,道路与桥梁对于整体布局、区域划分、人车疏导、美化环境等方面起到了极为关键的作用。

作为市政工程中的一个部分,公共设施在景观设计中的作用同样是很大的,它为城市市民在众多方面提供了方便。公共设施的类型有很多,例如,提供人们用来通信的设施,可以为人们提供休息、娱乐或乘凉的设施,以及各种安全和卫生设施、照明设施等等。公共设施仿佛是具有生命的点,贯穿分布于景观中的线(如道路、河流等)、面(如建筑群)之中。

六、公共艺术

在景观设计中,直接以美术造型形式为媒介体的审美形态是构成完美设计的重要因素,特别是在其视觉中心部位尤其关键。例如,"城市雕塑"或"城市小品"就属于"公共艺术"范围。

公共艺术有广义和狭义之分,广义上讲,凡一切具有公共性的为公众服务的艺术形态都可称之为公共艺术。这里我们是建立在专业设计的角度,也就是从相对狭义的角度来讲,即是指那些置于景观设计之中的以美术造型为媒介体的审美形态,如壁画、雕塑以及同时具有美术造型特征而以装置、水体、多媒体等其他形式出现的审美形态。

公共艺术作为景观设计中的一个重要组成部分,无论身处何处,例如,广场、公园、学校、街道、居民小区以及某种特定功能的公共空间等,其形态、色彩、材料、尺度等方面都毫无例外地要受到它所依赖的整体景观设计的制约,当然公共艺术也自然会反作用于整体的景观设计,从而产生或优或劣的影响。

应该说,公共艺术是介于纯艺术与设计之间的艺术形式,具有边缘性。建立整体的意识是景观设计师或公共艺术家的工作关键和所要遵循的最基本的法则。公共艺术与一般纯艺术不同，其最大区别在于它的非独立存在性。纯艺术需要作者个性化的展示，无个性的纯艺术作品不能长久地生存，它不需要特定的展示背景作，依托，它也不勉强甚至不强行吸引观者的目光，从某种意义上讲它只需要仁者见仁，智者见智。而公共艺术总是要相对于某一特定功能人文景观环境而言，是要面向大众的，是要符合大众行为和审美心理的。当然，这并非否定了公共艺术所需要的个性化特征，只是因为公共艺术是景观设计中的一部分，所以，必然要求把公共艺术的个性隐藏在共性之中。

景观设计中的公共艺术，在类型上可包括众多的方式，如壁画、雕塑、彩绘、镶嵌以及公共标识等。设计时需要能够从整体景观规划的角度，整体地把握相关内容。

第二章　风景园林的构成要素

风景园林的构成要素比较多,大到风景名胜区的建设,小到庭院的绿化等,其功能和效果也都各不相同。但是,无论哪一种园林的构成要素,其功能效果都是相辅相成的,共同构筑了园林景观的各方面,营造出一种十分丰富多彩的园林空间形态。本章主要针对风景园林的有关构成要素进行论述。

第一节　地形

地形是风景园林设计过程中一个十分重要的要素,其主要起到基底与依托的作用,同时也是构成整个园林景观的主要骨架,地形的布置与设计十分恰当,能够对其他环境要素的设计产生直接的影响。

一、园林地形的形式

（一）平坦地形

园林中坡度通常较为平缓的用地被统称为平地(图 2-1)。平地既可以作为人们的活动用地,也可以作为集散广场、交通广场、草地、建筑等其他方面的用地,以便于接纳和疏散人流和人群,组织各种各样的活动或者供游人进行游览与休息。平地在视觉上显得十分空旷、宽阔,视线较为遥远,景物也不能被遮挡住,具有比较强的视觉连续性。平坦的地面则可以和水平造型之间互相协调,使其能够比较自然地同外部的环境相吻合,并和地面的垂直造型形成一种十分强烈的对比,使景物更加突出。

图2-1 园林中的平坦地形

在使用一些比较平坦的地形时,需要我们注意下列几方面的特点。

首先,为了排水的方便,要人为地将平地变为3%~5%的坡度,以便能够在大面积的平地上产生一定的起伏。

其次,在有山水的园林之中,山水之间的交界处应该具有一定面积的平地当作过渡的地带,临山的一边也应该以渐变的坡度与山体相连接,在近水的一旁则需要以缓慢的坡度,形成一种过渡地带,徐徐地伸入水中形成冲积平原景观。

最后,在平地上可以进行挖地堆山活动,可以用植物的分割、做障景等一些手法的处理,打破平地上比较单调乏味的感觉,防止出现一览无余的状况。

(二)凸地形

凸地形(图2-2)比较常见的表现形式主要有坡度是8%~25%的土丘、丘陵、山峦以及一些小的山峰。凸地形在景观中通常可以作为焦点物或者具有一定支配地位的景观要素来布局,尤其是当其被一些比较低矮的设计形状所包围环绕的时候,更需要如此。从情感方面来看,上山和下山进行比较,前者可以产生对某物或者某人更为强烈的尊崇感。所以,那些在教堂、寺庙、宫殿以及其他相对较为重要的建筑物中,往往要耸立于地形顶部,给人一种比较严肃崇敬的感觉。

图 2-2　凸地形

（三）山脊

脊地从总体上来看是呈线状走向的,和凸地形相比较而言,形状显得更加紧凑、集中。也可以说是更为"深化"的凸地形。同凸地形相类似,脊地可以对户外空间的边缘进行限定,调节其坡上以及周围环境中的小气候。

在景观中,脊地可以被用于转换视线在一系列空间中的位置,或者是把视线引往某一个比较特殊的焦点。脊地在外部的环境之中还有另外一种特点与作用,就是能够充当分隔物。脊地作为一种空间的边缘地带,就好像是一道墙体把各空间与谷地都分隔开来,使人们能够感到有一种"此处"与"彼处"的分别。从排水的角度来看,脊地能够起到一种"分水岭"的作用,降落于脊地两边的雨水都会各自流往不同的排水地。

（四）凹地形

凹地形在景观园林设计过程中可以被认为是一种碗状的池地,呈现的是小盆地。凹地形在景观园林中往往能够作为一种空间。当其和凸地形进行连接的时候,它可以完善地形的整体布局。凹地形主要在景观中起到基础空间的作用,适宜进行多种多样的活动。凹地形往往是一个具有内向性而且不容易受到外界干扰的封闭空间,给人一种强烈的分割感、封闭感以及私密感(图2-3)。

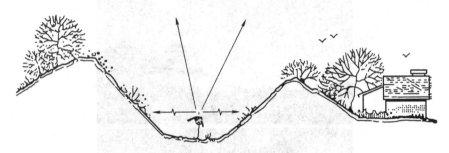

图 2-3　凹地形示意图

凹地形的一个潜在功能就是可以作为永久性湖泊、水池使用,或当作暴雨后的蓄水池。

凹地形在进行气候调节方面也能够起到十分重要的作用,它能够躲避掠过上方的狂风。当阳光直接照射在斜坡位置时,受热面就会增大,空气的流动性变小,可以让凹地形内部的温度上升。所以,凹地形和同一地区中的其他地形相比显得更加暖和,风沙也会更少,从而形成一种十分宜人的小气候。

（五）谷地

某些凹地形与脊地的主要特征是一条集水线。和凹地形比较相似,谷地在景观之中也是一个比较明显的低地,是景观中的一种最基础的空间,适合对多种项目与内容进行安排。但是它和脊地十分相似,也呈一条线状,沿着一定的方向进行延伸,具有比较明显的方向性。

二、地形的功能

（一）构成空间

地形可以通过对视线的控制来构成不同的空间类型,如视线比较开敞的平地地区,构成开放的空间;坡地以及山体则利用垂直面来界定或者围合空间的范围,构成一种半开放或者封闭的空间(图2-4、图2-5)。地形还可以构成空间的序列,引导旅游路线。

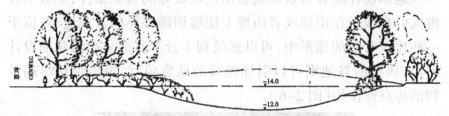

图2-4　坡地构成半开放空间

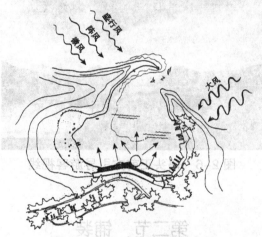

图2-5　山地构成围合空间

(二)造景作用

地形具有十分独特的美学艺术特征,峰峦叠嶂的山地、延绵起伏的坡地、溪涧幽深的谷地等,还有相对比较开阔的草坪、湖面等,都存在着比较容易识别的特征,其自身的形态特征能形成一道亮丽的风景。在现代的景观设计造型过程中,地形的造景主要强调的是地形本身景观的作用,可以将地形组合为各种各样的形状,充分利用阳光与气候的有效影响来创造出一种理想的艺术作品,我们可以将其称作"地形塑造""大地艺术"或者"大地作品"。

（三）观景功能

地形设计能够为景观创造出比较良好的观景条件,能够引导游人的视线。在山顶或者山坡上能够俯瞰整体的景观造型,位于一些比较开敞的地形中,可以感受到十分丰富的立面景观的设计形象,狭窄的谷地则可以引导视线的欣赏角度,突出强化尽端景物的焦点性作用(图2-6)。

图2-6　码头正前方引导游客视线

第二节　铺装

在风景园林设计中,联系植物、山地、水面以及各种建筑的是地面。而地面的起伏就是地形,其在之前已经进行了论述。那么铺装主要针对的就是地面,所以,这节主要论述的是地面的铺装。

在风景园林中,因为人行或者开展有关活动的需求,平地都需要进行一定形式的铺装,铺装的主要目的就是很好地保护地面,防止雨水对路面进行冲刷、人为的践踏造,成显著的磨损;人行十分舒适,做到不滑、不崴脚、不积水。在一些地形出现起伏变化的基础上,如果不能采用缓坡方式进行处理,则需要以各式的台阶来解决,以方便行人通过。对路面的铺装应该注意以下两个方面。

一、铺装的材料

铺装所用的材料通常可以分为天然与人工合成两种类型。天然的材料主要能够使用自然界中的石料、卵石、碎石、粗砂或者木块。除此之外，还有很多是人工合成的材料，如混凝土类制品、塑胶类制品、沥青类等。

园林铺装首先应该选好材料，这是一项十分重要的工作，材料的种类多种多样。

（一）自然石料

自然石料能够表现出自然、优雅、永久的特征。自然石料的表面粗细不等，石块的形状大小不一，还有方整和自然形状之分。小空间宜用小料；人多的地方不宜用自然纹理粗糙的石料；方整均齐的石块铺装会有高雅、永久性的感觉（图2-7）。

图 2-7　自然石料

采用天然卵石进行地面铺装，在中国传统的做法中都用十分细腻、复杂的花纹，在现代的园林设计中也有十分高的使用比例，而且施工过程十分简易（图2-8）。

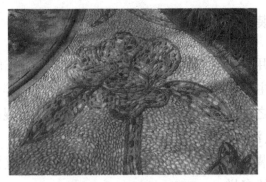

图 2-8　鹅卵石地面

使用嵌草铺装,可以满足游客比较多或者是停车的需要,在硬质的材料中间种上一些草,既能够耐踏、耐磨,同时还具有鲜活的绿意(图 2-9)。

图 2-9　嵌草铺装

（二）混凝土砖

大规格混凝土砖适合铺装广场,能和园外的景物相互呼应,小块砖则能够用在一般的小广场或者园路上(图 2-10)。不同形体的砖也能够铺成各种各样的花纹或者颜色,显得极为别致。在管线没有完全入地之前适合铺设方砖,以方便将来破路重修。

图 2-10　混凝土砖

（三）塑胶、沥青路面

多种多样的塑胶和沥青路面往往使路面显得十分鲜明、欢快。因为是现场进行摊铺、浇筑的,适宜在弯路和一些异形的广场中铺设（图 2-11）。

图 2-11　塑胶铺装

（四）木料铺装

木料铺装通常都会采用短木桩进行立铺,有原木的色泽与纹理,显得十分自然、古朴。也有的是以木板条进行铺路,其条纹具有一种特殊的美感, 也能够保护原地面的植被不被破坏（图2-12）。

图 2-12　木质地面铺装

二、园林铺装的注意事项

首先,铺装的基础与面层是路面在使用过程中的关键所在。在做法方面需要依据当地的气候、土质、地下水位的高低、坡度的大小、路面的承重来设定。使用方面也应该进行严格的要求,条件比较差的地方在铺装时要求基础比较厚,其面层通常也需要能够经得住高温或者严寒的侵害。

其次,块状的铺装接缝也能够对工程的质量与美观产生较大的影响。以方块的整形砖进行曲线路面的铺设或者对不规则的广场进行铺设时,在边缘地带一定要铺上一些异形砖,并且也要填满填齐,在铺装过程中也应该注意平整均匀与整体性效果。在道路的拐弯处、宽窄路面进行接触的地方或者两种砖块的大小不一接缝处,都要进行一定的拼接设计,事先的定点放线应该提前安排好图形。在中国的一些传统园林之中,这些细微的地方都会有十分细致的要求(图 2-13)。

再次,采用色彩不同的砖或者颜色不同的卵石在路面上或者广场上进行花纹铺设的时候,要追求细腻、讲究做法。花纹的平面造型也要和周围的环境保持相衬,地形、场合、室内外都需要有一定的区分(图 2-14)。

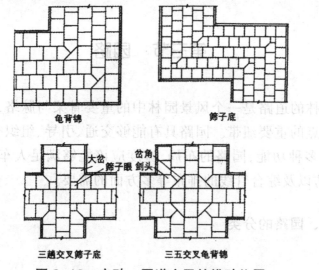

图 2-13　方砖、甬道交叉的排砖位置

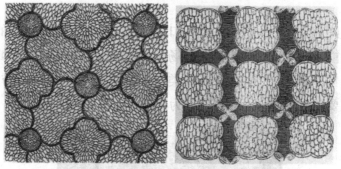

图 2-14　与环境相吻合的花纹设计

　　最后,在中国传统的园林中通常用砖、瓦和卵石,进行铺装拼成各种纹样,十分精细,有的花纹严整,有的生动活泼(图 2-15)。

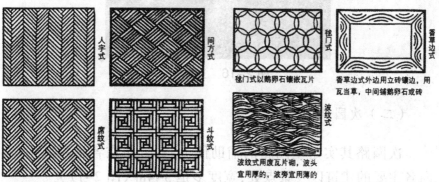

图 2-15　传统铺装式样

第三节　园路

园林的道路是一个风景园林中的重要骨架与脉络,也是联系各个景点的重要纽带。园路具有能够交通、引导、组织空间、划分景区等多种功能,园路的布局、宽度应该能够满足人车之间的通行、消防以及综合管线的排布等多方面的需要。

一、园路的分类

(一) 主园路

主园路主要是从园区的入口通往各个主要景区中心的道路,同时还能够通往各个主要的广场、建筑、景点以及管理区域,是大量游客与车辆都要通过的道路类型,同时也应该满足消防安全的有关需要。主园路的宽度通常为 4~6m (图 2-16)。

图 2-16　主园路

(二) 次园路

次园路其实是主园路的辅助性道路,分布在各个景区中,通向各主要的建筑以及景点处,宽度多是 3~4m (图 2-17)。

图 2-17 次园路

（三）游步道

游步道主要是供游人在散步过程中休息的道路,引导游人深入园区的各个地方,多是自由式布置,形式多种多样。宽度多是1.2~2m,小径也可以小于 1m（图 2-18、图 2-19）。

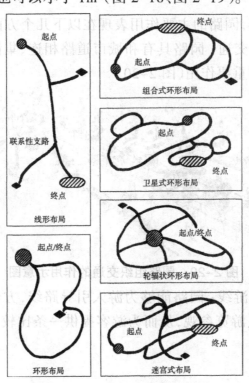

图 2-18 游步道分布示意图

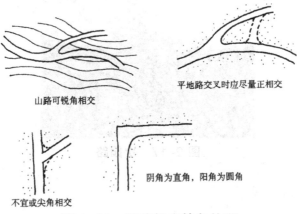

山路可锐角相交

平地路交叉时应尽量正相交

不宜或尖角相交

阴角为直角，阳角为圆角

图 2-19　园路相交转角处理

二、园路的作用

通常而言,园路的主要作用表现在以下几个方面。

（1）组织交通：园路具有和城市道路相连、集散疏通园区中人流和车流的重要作用（图 2-20 ）。

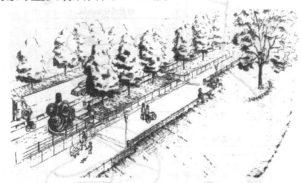

图 2-20　园路组织交通的作用示意图

（2）引导游线：园路能够为游人引导路线,方便人们到达景区的各个景点游览参观,从而为游客提供一条比较合理的游赏路线（图 2-21 ）。

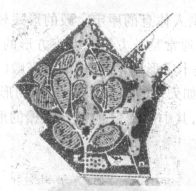

图 2-21 园路引导游线

（3）组织空间：园路能够组织景观空间的序列展开，又可以起到分景的重要作用。

（4）工程作用：有很多水电管网都是结合了园路设计进行铺设的，所以园路设计需要结合综合管线的设计进行考虑。

第四节 建筑

一、园林建筑的类型

园林建筑的类型通常都比较多，一部分为有围墙与屋顶的建筑物类型，如殿、阁、楼、堂等，因为社会观念的差异，在国外，人们对建筑的分类通常比较少，而在中国则分得十分详细；另外一部分主要是没有屋顶或者屋顶比较小的组成，只有墙柱等一些简单的构筑物，如牌楼、门、花架、影壁等。在园林中，古建筑的形式十分丰富，充分表现出了中国高度的文明以及十分高超的建筑艺术形式，应该很好地继承与发扬。

（一）殿

殿主要是指一些比较高大的房屋，过去主要是封建帝王处理朝政或进行各种仪式的处所。在皇家园林中大多都是供奉佛像与神灵牌位或者供人休息的屋宇。殿的形式较皇宫或者大型的庙宇更灵活多样,通常是长方形或者正方形的,如北海的极乐世界殿;也有一些是十字形的,如北海的承光殿(图 2-22)。等;还有一些是圆形的,如天坛的祈年殿等。屋顶的形式主要是庑殿顶、歇山顶、攒尖顶等,其中主要有重檐、三重檐的形式

图 2-22 祈年殿

(二)亭

亭通常是指由几根立柱来支撑屋顶的小型建筑,除了少数有墙和门窗者外,大部分都是通透或者柱间带有坐凳、栏杆的形式。亭在园林中所起到的主要功能就是进行短时休息、眺望风景、遮阳避雨以及点缀景观。亭的历史极为久远,在中国传统的园林之中也有十分广泛的应用,尤其是皇家园林中,例如,北京的北海公园中就有 49 座亭。亭的形式也是极为丰富的,平面上主要有单体式、组合式和墙、廊、桥相互结合的三种类型。通常可以分为三角形、正方形、长方形、圆形等。亭的立面主要可以分为单檐与重檐,当然也有三重檐的。屋顶的形式主要是攒尖顶式、歇山顶式、盂顶式等。园林中的亭也能够设置于山谷、顶峰、水边、湖上、广场、路旁等,如杭州三潭印月三角亭(图 2-23)。

图 2-23 杭州三潭印月三角亭

（三）观

观主要是指在台上进行筑造的房屋，主要用来远观。圆明园中就有远瀛观（图 2-24），位于长春园北部的山坡上，同样也是西洋楼六组建筑之一，可以在高处远望大水法与东部的线法山、方河。扬州的瘦西湖小金山上也布置有"月观"。除此之外，在一些山岳的风景区内还往往会布置一些道观，道观是道教修行的场所。观是充分利用地势手法的高妙之处，位于其中不仅能够观赏山下的风光，还能够点缀山景的建筑。

图 2-24 远瀛观

（四）廊

《园冶》中讲道："廊者，庑出一步也。"在建筑中，我们把带顶的过道称为廊，有的是房屋前面的出檐部分，可提供人避风雨，也有的是临近建筑相接成组的廊。廊不但具有比较典型的联系交通的功能，同时也是空间之间联系与相互分隔的一个十分重要的手段，因此在园林中的运用也比较多。廊的形式主要是以横断面为准，大体可以分为双面空廊、单面空廊、复廊以及双层廊四种类型。从廊的整体造型上来分，主要可以分为直廊、曲廊、回廊、水廊、桥廊等。廊建筑的规模大小不一，宽窄长短也各异，通常私家园林的廊宽度为 1.5m 左右；而皇家的园林则会宽很多，还会设置双面空廊，如颐和园的双面空廊，宽 2.3m，柱高 2.5m，长 273间，约 728m，中间则建设了留佳亭、对鸥舫、寄澜亭、秋水亭、鱼藻轩与清遥亭等建筑相连接，是国内最长的游廊（图 2-25）。北海的琼华岛北侧游廊是一座单面空廊，是目前国内最敞亮恢宏的一座游廊（图 2-26）。廊也能进行独立布置而组成建筑，如圆明园的万字廊与我国南方比较多的桥廊，其形式极为优美，不仅能够沟通河上的交通，同时也能用于休息、避雨等。

图 2-25　颐和园长廊

图 2-26　北海琼华岛单面廊

（五）馆

　　馆主要是用来成组游宴、接待客人的场所,或是起居的客舍。馆的规模不等,可大可小,布置也比较随意。园林中通常布置得比较多,如颐和园中布置了听鹂馆,取名源于杜甫的诗"两只黄鹂鸣翠柳,一行白鹭上青天"。中间布置了小戏台,主要是供帝后欣赏戏曲与音乐的场所。故宫的乾隆花园中也布置了竹香馆,静宜园的勤政殿后面则布置了横云馆,山上布置了雨香馆、梯云山馆。避暑山庄的下湖以及镜湖之间还布置了清舒山馆。圆明园的后湖西北处则布置了杏花春馆《御制园明园图咏》载其,"环植文杏,春深花发,烂然如霞。"中国最大的私家园林苏州网师园中则布置有蹈和馆,拙政园内则有三十六鸳鸯馆和十八曼陀萝花馆连接在一起,两面临水,一面临山,格扇比较通透,装修十分精美。现代的各处园林中也都有大小不等、形式独特的馆,如北京的紫竹院本来是坐落于筠石园中的友贤山馆(图 2-27a),最初的构想是当作竹的有关屋室。北京的动物园、植物园也都具有相应的科普馆,具有一定的规模与特殊设施(图 2-27b)。

（a）北京紫竹院友贤山馆　　　　　（b）北京植物园科普馆

图 2-27　馆

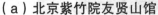

二、建筑布局

建筑形象在风景园林中是最明确、突出的,能够突出地吸引游人的目光和注意力,在布局之中也具有十分强的凝聚作用以及导向作用。

（一）建筑群体的轴线和骨架线

群体建筑在任意一种环境中都存在十分鲜明的组合轴线关系。园林中的建筑群体轴线通常都能够对整个园林的布局起到制约作用,有时也和园林的布局完全吻合(图 2-28)。中国的古典园林中,皇家园林建筑群是以正殿为中心的,自宫门开始起,到后端收尾的殿堂止,基本上都是一条笔直的中轴线贯穿其中。两侧的宫殿采用对称形式进行布局,依中轴线进行延伸,显示出十分严格的秩序和庄重的氛围。私家园林的格局有多种多样的形式,但局部建筑群仍然大多是以正厅作为主体,设置中轴线所组成的院落。很多建筑呈现出变化错落的形式,是自由的群体,不存在以之对称、严谨的中轴线,但是能够找到它们之间布局的骨架线型所存在的关系。

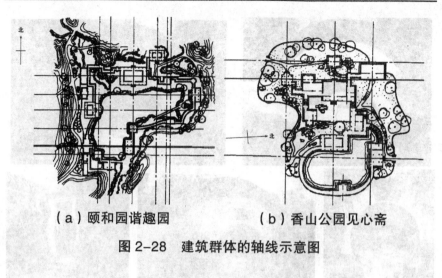

（a）颐和园谐趣园　　　　（b）香山公园见心斋

图 2-28　建筑群体的轴线示意图

（二）建筑布局的空间序列

　　建筑布局的空间序列和园林布局的空间序列具有相通的道理。整个建筑群体，也要有起始、过渡、衔接、重点、高潮、收尾等不同的活动空间，它们也是一个建筑群体的整体。其中，存在大和小、高和低、多和少、收和放等多种不同的处理方法。例如，颐和园的南坡建筑群是从湖边的牌楼"云辉玉宇"开始的，经排云殿、德辉殿，到佛香阁形成了高潮，最后则是到智慧海处到达尾声，山体的东侧有敷华亭、转轮藏，西侧则有撷秀亭、五方阁等当作衬托所形成的迂回空间。

（三）开敞空间与封闭空间

　　建筑需要靠墙体围合，有门闭合主要是为了形成封闭空间。尽管是有围合，但是所采用的窗漏、落地窗等，都是比较通透的厅堂，也有不完全围合即半开敞或者半封闭的空间。基本上不用砖石做围墙，以竹林、灌木墙等作为边界，采用透廊、过廊让建筑群体和自然环境相互穿插渗透，形成一个比较开敞的空间。选择哪一种形式，完全取决于建园的立意、风格以及建筑所具备的功能如图 2-29 所示为图林建筑中的常见门洞。

图 2-29　园林中比较常见的门洞

（四）空间关系的限定

　　不同的形态所构成的要素对建筑的空间能够产生不同的限定感。在设计过程中,应该选择与之相适应的限定关系,以此来满足构思的相关需求(表 2-1)。

表 2-1　空间关系限定

限定感较强		限定感较弱	
视野窄		视野宽	
透光差		透光强	

续表

限定感较强		限定感较弱	
间隔密		间隔疏	
质地硬		质地软	
明度低		明度高	
粗糙		光滑	
竖向高		竖向低	
横向宽		横向窄	
向心型		离心型	
平直状		曲折状	
封闭型		开场型	
视线挡		视线通	

（五）建筑的朝向与开窗

传统建筑的方位主要讲究的是坐北朝南,不仅利于日照,同时也利于避风。佛道两家的寺、观则往往为坐西朝东的,西方主要代表的是极乐世界,而朝圣者通常都是自东而来。现代的园林设计中也有很多建筑的朝向是随地貌、景观的特征进行确定的。朝向和开窗的选择都是为了能够选取最好的观光视野,在对开放空间进行处理的时候,手法也相应比封闭空间更加灵活。

（六）单体建筑的点景作用

园林建筑的类型十分丰富，主要可以分为殿、堂、轩、榭、舫、亭、桥、廊等（图 2-30）。园林中分布最多的独立建筑主要是各类园亭：山上是山亭，水边是水亭，廊端、廊间有廊亭，平地纳凉则有很多凉亭，修立碑文主要是碑亭。北方的园林亭体量通常都比较大，具有比较鲜明的雄浑、粗壮、端庄特点，南方的园林亭体量则相对较小，彰显出其俊秀、轻巧、活泼的特点；除此之外，还有半亭、双亭、组合亭等其他多种多样的式样。与现代我们看到的建筑相适应的现代园亭，式样则更多样化，更加生动且更富有变化（图 2-31）。

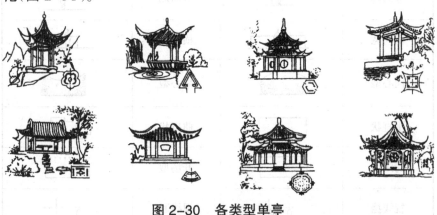

图 2-30　各类型单亭

图 2-31　现代单亭

第五节 构筑物

一、常见的构筑物类型

（一）榭

榭是一种建在台上的敞屋建筑。北京的绮春园西南方向的湖岛上就建有招凉榭。有很多榭都是建于水边,称作水榭。水榭是一种在水边架起的平台,部分伸出了水面,平台常常是以栏杆或者鹅颈靠相围,上部是一个单体建筑或者是一座建筑群。在台湾的台北市郊之林本源园林中也建有日波水榭,在水池内呈套方形。北京的中山公园主要景观是一座临水的水榭。在其他地方的园林中也有水榭建筑(图 2-32)。

图 2-32 水榭

（二）轩

轩主要是指一些带窗的长廊或者小室。在很多的园林中都布置有这类建筑,如故宫的乾隆花园中的符望阁西的玉粹轩;承德避暑山庄半山上的半山亭侧的来青轩;玉泉山西山坡上的崇霭轩等。私家园林中的代表建筑则有宋代富郑公园中临水布置的重波轩；苏州留园中依山面水的闻木樨香轩等。通常情况下，轩的面积都不是太大，往往都是选在环境比较优雅、风景佳的地方，主要是以供文人雅士休息、读书、工作之用。由此，即便是一些不太大的建筑，也有称作轩的。有些聚会的场所同样也被称为轩，如北京中山公园的茶室，就被称为来今雨轩（图 2-33）。

（a）来今雨轩　　　　　　　　　　（b）闻木樨香轩

图 2-33　轩

（三）舫

舫也叫双帮船，主要是指一种两体并联的船。《说文》中释为"舫，并舟也"，也可以称作"方""枋""方舟""枋船"，有时也会写作"航"。古时对于一些游船，尽管不是两船相连的形式也称为舫，如画舫、石舫等。在园林中水上可以游动的舫，主要是一种活动的设备。以后在水边修建的则是一种砖木结构的舫形建筑，也可以称之为舫或不系舟，可以供游人休息、宴饮时之用。如颐和园中有一座石舫名为清晏舫（图 2-34），是目前舫中规模最大的一座建筑。北京的勺园中也有舫，广东园林中也不少见，苏州的拙政园、狮子林、南京的原总统府煦园中也都有舫建筑，各具鲜明特色且装修十分考究。一些现代的园林中也有很多新的创作。

图 2-34　颐和园清晏舫

（四）花架

花架是一种供植物攀爬的建筑,同时也供游人休息赏景之用。花架的设计因为其土壤、植物的种类不同,应区别对待(图2-35)。

图 2-35　花架

1. 花架的作用

（1）遮阴功能

花架是供一些攀缘类植物攀爬的棚架,同时也是人们进行消夏庇荫的重要活动场所,能够为游人提供休息、乘凉的场所,它也可以供游人坐赏周围的风景。

（2）景观效果

花架在风景园林的设计过程中通常都具有亭、廊的作用,作为长线进行布置时,就好像游廊一样可以发挥出建筑的空间脉络作用,形成一种导游的路线。也可以用来对空间进行划分,极大地增加风景的浓度。在作点状进行布置时,就好像亭子一样,能够形成观赏点,并且还能够供游人在这里对周围环境景色进行观赏。在现代的园林设计中花架除了能够供植物攀缘之外,有时还会取其形式轻盈的特点,以此来点缀园林建筑的某些墙段或者檐头,使之风格更加活泼,更能体现出园林的性格特征。此外,花架本身也就有十分优美的外形,也能够对周围的环境起到装饰的作用。

（3）纽带作用

花架在建筑上也可以起到一种纽带的作用。同时,花架也可以与亭、台、楼、阁相联系,形成组景的功能。

2. 花架位置选择

花架的位置有比较灵活的选择,公园的隅角、水边、园路的一侧、道路的转弯、建筑旁边等都能够设立这种构筑物。在形式方面,既能够和亭廊、建筑组合在一起,也能够进行单独设立。如在草坪上设立花架。

花架在园林中的布局既能够采用附建式,也能采取独立式布局。附建式设计属于建筑的一个组成部分,也是建筑空间的一种延续,它应该能够保持建筑自身统一的比例和尺度。在功能方面,除了供植物攀缘或设桌凳供游人休息外,也可以只起到装饰的作用。独立式的花架布局应该在庭院的总体设计之中进行确定,它能够布置在花丛内,也能够布置在草坪边,使庭院空间可以有起有伏,增加了平坦空间的层次感。有时也可以傍山临池,随势弯曲。花架和廊道有相似的功能,能够起到组织浏览路线与观赏景点的作用,在进行花架布置时,一方面需要做到格调清新,另一方面则需要注意和周围的建筑以及绿化栽培在风格上做到统一。

3. 花架的材料及植物材料

可用来制作花架的材料有很多。如果是制作一个相对简单的棚架,则可以用竹、木搭成,体现出自然有野趣的特征,能与自然环境之间做到协调,但是使用的期限通常较短。坚固的棚架,大多会使用砖石、钢管或者钢筋混凝土等进行建造,其特点就是美观、坚固、耐用,维修费用也很少(图2-36)。

图 2-36　石材花架

对于花架植物材料的选择需要充分考虑到花架的遮阴与景观两个方面的作用,大多都是选择一些藤本蔓生且具有一定的观赏价值的植物,如常春藤、紫藤、凌霄、南蛇藤、五味子、木香等,也可以考虑使用一些具有一定经济价值的植物,如葡萄、金银花、猕猴桃等等(图2-37)。

图 2-37　花架植物

4.花架造型设计

花架的造型通常都十分灵活、富有变化,其中最常见的一种形式就是梁架式,也是人们普遍熟悉的葡萄架。半边列柱半边墙垣,造园趣味好像是半边廊,在墙上也能够开设景窗,使意境变得更加含蓄。除此之外,新的形式还包括单排柱花架或者单柱式花架以及圆形的花架。单排柱花架依旧能够保持廊的造园特点,它在组织空间与疏导人流上都能够起到同样的作用,但是在造型方面则更为轻盈自由。单柱式花架就好像是一座亭子,只是顶盖周围是由攀缘的植物叶和蔓所组成的。

花架的设计通常都是与其他的小品结合在一起做成的,形成一组内容十分丰富的小品建筑,可布置座凳供人小憩(图2-38)。

图 2-38　花架的造型设计

二、其他构筑物

(一)凳、桌、椅

在园林中摆放的园椅、园凳主要是提供给游人坐息、赏景所用的,通常都会布置在人流比较多、景色十分优美的地方,如树荫下、河湖水体旁边、路边、广场周围、花架下等都可以布置。有时还能够设置一个园桌,主要提供给游人休息娱乐时使用。同时,这些桌椅本身的艺术造型也可以对园林景色起到装点作用。

1. 基本尺寸

园椅、园凳的高度应该在 35cm 左右,不应该设计得太高,否则在游人坐息时会有一种不安全感。基本的尺寸如表 2-2 所示。

表 2-2 园椅、园凳的基本尺寸

使用对象	高 /cm	宽 /cm	长 /cm
成人	37 ~ 43	40 ~ 45	180 ~ 200
儿童	30 ~ 35	35 ~ 40	40 ~ 60
兼用	35 ~ 40	38 ~ 43	120 ~ 150

2. 形式

椅、凳需要满足造型美观的要求,坚固而舒适,构造简单,易清洁,耐日晒雨淋。其上的图案、色彩、风格等也要和环境相互协调。比较常见的形式主要有直线长方形、方形;曲线环形、圆形;仿生等。除此之外,还有一些是多边形或者组合形的样式。比较常见的形式如图 2-39 所示。

图 2-39 比较常见的椅凳

3. 材料

园桌、园椅、园凳都能够采用多种多样的材料进行制作,有木、竹的材料,也有钢铁、铝合金、塑胶及石材、陶、瓷等材料。有一些材料制作出来的桌椅还必须要用油漆、树脂等防护材料进行涂抹，或者用瓷砖、马赛克等进行表面装饰，其色彩也要做到和周围的环境相互协调（图2-40）。

图2-40　椅凳与周围环境相协调

（二）雕塑

在风景园林设计过程中，雕塑被广泛地运用到园林的各个方面。园林雕塑属于一种艺术性作品，不管是从内容、形式还是艺术效果方面都具有一定的考究。

1.雕塑的类型

在园林中，雕塑具有表达园林的主题，组织园景，点缀、装饰、丰富游览内容的重要作用，也可以充当适用的小设施等。所以，雕塑通常可以被分成下列几种类型。

（1）纪念性雕塑

这种雕塑大都是分布在一些纪念性园林绿地之中，以及在一些历史名城中分布。如上海的虹口公园内有鲁迅雕像（图2-41）；南京的新街口广场有孙中山的铜像等。

（2）主题性雕塑

主题性雕像就是根据某一种主题所创造出来的雕塑。如杭州花港公园中雕塑的"莲莲有鱼"雕像（图2-42），突出了观鱼的主题，借此来表达园林的主题。北京的农业展览馆内，采用的是丰收图群雕，突出了农业发展的新技术、新成就效果，借此来表达农业方面的主题。

图 2-41　鲁迅雕像

图 2-42　杭州花港公园"莲莲有鱼"雕像

（3）装饰性雕塑

这类雕塑通常都和树、石、水池、建筑物等结合在一起进行建造，借此来丰富游览的内容，供人观摩。如雕塑天鹅、海豹、长颈鹿、金鱼（图 2-43）等。

图 2-43　装饰性雕塑

2. 雕塑的材料

通常,雕塑所采用的材料是石头类材质,其中比较常见的材料有大理石、汉白玉石、花岗岩以及混凝土、金属等材料等。近年还有很多人采用钢筋混凝土来塑造假山、建筑小品以及一些小型的基础设施等。

3. 雕塑的设置

雕塑通常都是设置于园林的主轴线上,有的设置在风景透视线的范围之内,也可以把雕塑建立在广场、草坪、桥畔、堤坝旁边等。雕塑不仅能够进行孤立设置,同时也能够和水池、喷泉等进行搭配,在一起设置。有些场合,雕塑后方可以栽种一些四季常绿的树丛作为衬托,这样能够让所塑的形象更加鲜明突出。

第六节　植物

一、园林植物的功能作用

（一）构建空间功能

主要是指植物在构成室外的空间过程中,和建筑物的地面、门窗、墙壁等一样,属于室外环境空间的围合物。植物能够利用其树干、树冠、枝叶来控制游人的视线、控制空间的私密性,从而可以起到构建空间的重要作用。植物在空间中所构成的三个构成面（地面、垂直面、顶平面）,主要是以各种变化的方式进行结合的,可以形成不同的空间形式。

1. 开敞空间

矮灌木和地被植物能够形成各种开敞的空间,这种空间的四周主要是开放、外向、无隐秘性的,完全暴露出来（图2-44）。

图 2-44　低矮植物形成的开敞空间示意图

2. 半开敞空间

一面或者多面受到一些比较高的植物封闭,从而限制了人们视线穿透过去,这样能够形成一个半开敞的空间,这种空间和开敞空间比较相似,只是开放的程度比较小,具有一定的方向性与隐秘性。如一侧的大灌木封闭的半开放空间或者两侧都封闭起来的封闭空间(图 2-45)。

图 2-45　大小灌木形成的半开敞空间示意图

3. 覆盖空间

主要是利用一些十分浓密树冠的遮荫树所构成的顶部覆盖、四周开敞的空间形式。这种空间和森林环境存在极大的关系,因为光线只可以通过树冠的空隙和侧面照进来,所以在夏季就会显得十分阴暗幽闭,而秋冬季落叶之后则会显得十分明亮开阔(图 2-46)。

图 2-46　覆盖空间示意图

4. 垂直空间

利用一些高且密的植物,能够构成一个四面直立、向上开敞的空间,这种空间可以阻止视线的发散,控制住视线的周围方向,所以具有比较强的引导性(图 2-47)。

图 2-47　垂直空间示意图

5. 封闭空间

这种空间和覆盖空间比较类似,区别就在于四周都被一些小型的植物所封闭,形成一个相对较为阴暗、隐秘感与隔离感比较强的空间形式(图 2-48)。

图 2-48　多类植物组成的封闭空间示意图

（二）观赏功能

植物所具备的观赏功能,主要体现在植物的大小、外形、色彩、质地等多个方面。

1. 植物的大小

植物的大小能够直接影响到空间范围与结构的关系,影响到设计的构思和布局。例如,乔木的形体十分高大,其比较显著的观赏因素就是可以孤植形成视线的焦点,也可以进行群植或者片植。而小灌木与地被植物是相对比较矮小浓密的类型,可以进行成片的种植,以此形成色块模纹或者花境。

2. 植物的外形

植物的外形种类比较多,大体可以归纳成以下几种类型,如图 2-49 和表 2-3 所示。

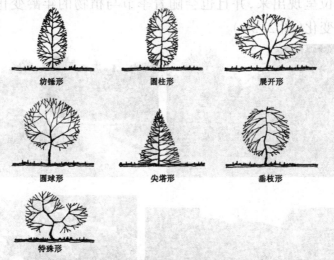

图 2-49　常见树的基本类型

表 2-3　植物的外形

基本类型	特征及应用
纺锤形	形态主要呈现的是细窄长,顶部尖细; 通常有比较强的垂直感与高度感,把视线往上方引导,形成了一个垂直的空间。如龙柏
圆柱形	形态主要是细窄长,顶部是圆形。如紫杉
水平展开形	水平方向也进行生长,高与宽基本上是相等的; 展开形状以及构图都具有一种宽阔感和外延感。如鸡爪槭、二乔玉兰
圆球形	外形为圆球形,外形圆柔而温和,能够与其他的外形相互调和;如桂花、香樟
尖塔形	外形为圆锥形,可以形成和良好的视觉焦点。如雪松
垂枝形	拥有悬垂或者下弯的枝条。如垂柳、龙爪槐
特殊形	具有十分奇特的外形,如歪扭式、多瘤节、缠绕式、枝干扭曲等,可以形成视觉的焦点。如各种盆景植物

3. 植物的色彩

植物的色彩具有鲜明的情感象征,引人关注,能够直接影响到室外空间的气氛和情感。鲜艳的色彩能够给人一种轻快、欢乐的氛围,而深暗的色彩则能够给人一种比较郁闷、幽静、阴森沉闷的氛围。植物的色彩主要是通过树叶、花朵、果实、枝条、树皮等多个部位呈现出来,并且也会随着季节与植物的年龄变化而发生一定的变化(图 2-50)。

图 2-50 植物多种多样的色彩

4. 植物的质地

按照树叶形状的不同,我们可以把植物分成下列几类:落叶阔叶、常绿阔叶、落叶针叶、常绿针叶。落叶阔叶植物的种类比较多,用途十分广泛,夏季能够用来遮荫,而冬季则可以产生一种明亮轻快的效果。常绿阔叶的植物色彩通常比较浓重,季节色彩的变化也比较微小,可以作为浅色物体的背景。落叶针叶植物多是一些树形比较高大优美的树种,叶色在秋季大多是古铜色、红褐色的,如水杉、池杉。常绿针叶植物则大多是松柏类型,常常可以给人一种端庄厚重之感,有时也能够产生一种阴暗、凝重的感觉。

（三）生态功能

植物不仅是具有美化环境、造景布局等功能，还具有极强的生态功能。

首先，可以净化空气、水体与土壤（图 2-51）。主要包括：（1）吸收二氧化碳，放出氧气；（2）吸收有害气体，放出氧气；（3）吸滞烟灰和粉尘；（4）减少空气中的含菌量；（5）净化水体；（6）净化土壤。

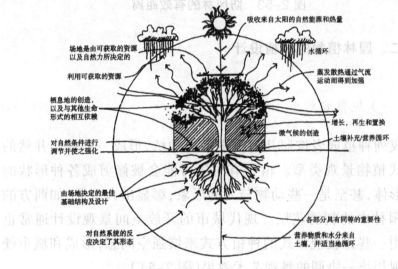

吸收来自太阳的自然能源和热量

场地是由可获取的资源以及自然力所决定的

利用可获取的资源

栖息地的创造，以及与其他生命形式的相互依赖

对自然条件进行调节并使之强化

由场地决定的最佳基础结构及设计

对自然系统的反应决定了其形态

水循环

蒸发散热通过气流运动而得到加强

增长、再生与置换

微气候的创造

土壤补充/营养循环

各部分具有同等的重要性

营养物质和水分来自土壤，并适当地循环

图 2-51　模拟植物自然系统的模型

其次，改善局部小气候（图 2-52）。主要方式包括：（1）调节气温；（2）调节湿度；（3）通风、防风。

图 2-52　植物调节小气候——引导气流进屋

最后，降低城市噪声污染的同时，也起到安全防护的作用（图

2-53）。主要包括：（1）蓄水保土；（2）防震防风；（3）防御放射性污染及防空。

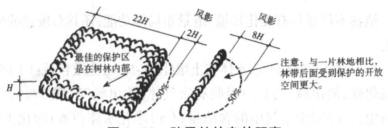

图 2-53　防风林的有效距离

二、园林植物的种植设计

（一）规整式种植

成列种植或者按照几何图案进行种植，形成一种秩序井然的规整式植物景观类型。植物有时还可能会被修剪成各种形状的几何形体，甚至是一些动物与人的形象，彰显出人工美，如西方的古典园林中的刺绣花坛。现代城市的开放空间景观设计通常也会运用一些比较规整式的种植方式来增强空间感，形成和城市硬质景观相统一协调的景观艺术效果（图 2-54）。

图 2-54　规则式种植

（二）自然式种植

主要是对自然群落结构与视觉效果进行模拟，形成一种富有自然气息的植物景观,如树丛、花境等。中国古代的传统园林以及英国的自然风景园林中就常常使用这种模式进行种植(图2-55)。

图2-55　自然式园林植物种植

（三）抽象图案式种植

在现代景观的设计过程中,常常会把植物当作构图的主要要素进行艺术加工,形成一种具有十分特殊的视觉效果的抽象图案。如巴西布雷·马尔克斯设计的植物模纹等。

（四）生态设计

这种类型的设计主要强调的是对乡土植物的运用,应该充分考虑到周边区域的植物分布空间格局以及自然演化的进程,延续当地植物的风貌和自然过程,根据科学规律进行配置与植物种植。

第七节　水景

水在风景园林设计过程中是一种变化比较多的要素类型,它能够形成一种不同的形状或态势,如自然湖面,规则水池,静态的湖,动态的瀑布、喷泉等。东西方的园林景观在设计过程中都把水景当作一个必不可少的内容,东方园林的水景主要崇尚自然情境,而西方的园林水景主要崇尚的是规整华丽,各具意趣,二者之间存在较大的差别。

一、水体的功能作用

（一）统一作用

水面作为一种景观的基底时,能够将很多分散的景点统一在一起。例如,在苏州的拙政园以及杭州的西湖中,有很多景点都是以水面作底的,形成一种比较好的图底关系,从而让景观的结构变得更为紧凑（图 2-56 ）。

图 2-56　杭州西湖俯瞰图

（二）系带作用

水体可以将不同的园林空间连接在一起,以避免出现景观分散的现象。例如,瘦西湖风景区内就是以瘦西湖作为主要的联系纽带,把各个分散的景点之间联系到一起,进而形成了一个十分优美的景观序列。系带作用主要可以分为两个大的类型,即线型和面型（图 2-57、图 2-58 ）。

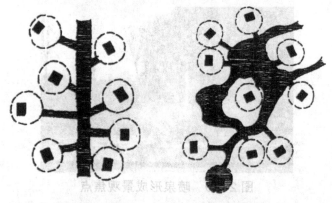

（a）线型布局 （b）面型布局

图 2-57 水体的系带作用

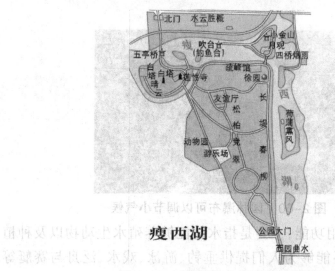

瘦西湖

图 2-58 瞻园中水体连接各景点

（三）景观焦点作用

一些动态的水景主要有喷泉、瀑布、水帘以及水墙等，其比较特殊的形态与声响往往能够引起人们的注意，有时结合环境小品而成为景观的焦点（图 2-59）。

图 2-59　喷泉形成景观焦点

　　除此之外,水体还具有环境作用和实用功能。其中,水体能够改善环境,如蓄洪排涝、降低气温、吸收灰尘、供给灌溉以及消防等(图 2-60)。

图 2-60　园林瀑布可以调节小气候

　　水体的实用功能,主要是指水体能够养殖水生动物以及种植水生类植物,还能够为人们提供垂钓、游泳、戏水、泛舟与赛艇等多种娱乐活动的场所(图 2-61)。

图 2-61　人造瀑布可供人赏水

二、园林水景的相关要素

（一）驳岸

　　驳岸的作用主要是防护堤岸、防洪泄洪，驳岸的处理可以直接对水景的面貌产生影响，因为人们易于接近驳岸，所以，其自身的形式与材质通常都会成为景观的重要组成部分。驳岸主要分成两类，即自然式与规整式，自然式驳岸主要可以分为草坡、自然山石与假山石驳岸，而规整式驳岸主要可以分为石砌与混凝土驳岸两种类型（图 2-62、图 2-63）。

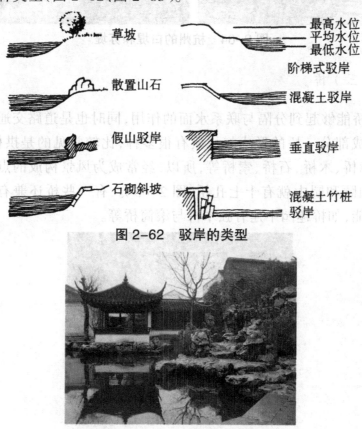

图 2-62　驳岸的类型

图 2-63　苏州留园假山石驳岸

（二）堤

堤主要能够把较大的水面分割为不同的区域,同时还能作为重要的通道,使人亲近水体,例如,最具有代表性的是杭州西湖的白堤与苏堤（图2-64）。

图2-64　杭州的白堤和苏堤

（三）桥

桥能够起到分隔与联系水面的作用,同时也是道路交通的重要组成部分。桥的形式与材质有很多种,比较常见的是拱桥、曲桥、廊桥、木桥、石桥、索桥等,所以,经常成为风景构成的点睛之笔,如颐和园中就有十七孔桥（图2-65）。有一些桥还兼有游乐的功能,如桥趣园中建有独木桥与滚筒桥等。

图2-65　颐和园十七孔桥

第八节　照明

风景园林中的用电包括了照明用电与动力用电两个部分,其中,动力用电主要包括喷泉用电、喷灌用电、电动游艺设施用电以及电动机具用电等,除此之外,还包括了风景园林内的生产生活用电等。

一、照明的作用

室外照明能够给人们在夜间活动提供一种功能场所,其主要目的包括增强重要节点、标识物、交通路线以及活动区的可辨别性,使行人与车辆都可以安全地行走,提高了环境区域内的安全性,并降低了其潜在的人身伤害以及人为财产的破坏。

照明应需要注意合理的照度、均匀度,还需要防止产生眩光。照明的光源根据电光源不同可以分成热辐射光源(如白炽灯与卤钨灯)、气体放电光源;根据颜色的不同也可以分成冷光源、暖光源两种形式。比较常见的风景园林灯具主要有门灯、庭院灯、草坪灯、路灯、水池灯、霓虹灯、地面射灯等(图 2-66)。照明在风景园林中还广泛用于植物、花坛、雕塑、水体、喷泉瀑布、园路等位置的特殊照明。

图 2-66　各式风景园林灯

图 2-66　各式风景园林灯（续）

二、园灯的设置

园灯是风景园林中重要的照明设备,主要的作用是在夜晚提供照明,点缀黑夜中的景色,同时,白天园灯则能够起到装饰的作用。所以,各类园灯不但需要在照明的质量和光源的选择上有严格的要求,同时也对灯头、灯杆、灯座的造型提出了一些必要的条件。

在园林中,需要在很多地方都设置园灯,如园林的出入口、广场、道旁、桥梁、建筑、雕塑、喷泉、水池等地都应该设置灯具。园灯处于不同的环境下,都存在着不同的要求。在一些比较开阔的广场与水面,可以选用发光效率比较高的直射光源,灯杆的高度也可以依广场的大小而进行变动,通常都是 5 ~ 10m。道路两旁的园灯,希望照度比较均匀,因为路边的行道树有一定的遮挡,所以通常不宜太高,以 4 ~ 6m 为宜,间距通常以 30 ~ 40m 为佳,不应该太远或者太近,常常采用散射光源,以免出现直射光给行人造成耀眼而目眩的状况。在广场与草坪中的雕塑、花坛、喷水池等地方,也同样需要采用探照灯、聚光灯或者霓虹灯进行装饰,在一些大型的喷水池中,可以在水下装设一些彩色的投光灯,使其五光十色,水面上也容易形成闪闪的光点。在园林的道路交叉口或者空间的转折处,应该设置指示灯,以便为游人在黑夜中指示方向(图 2-67)。

图 2-67　不同建筑的园灯设计

第三章　风景园林设计的依据、原则与形式美

风景园林设计是一项十分科学的设计门类,在设计过程中需要我们遵循一定的依据。同时,风景园林设计的过程中也应该有一定的准则,这样才能使风景园林在设计过程中出现更为合理的布局、更加科学的形态。由此,本章重点对风景园林设计的依据、原则以及形式美法则进行论述。

第一节　风景园林设计的依据

在进行风景园林设计的时候,其最终的目的是能够创造出一个景色如画、环境舒适、健康文明的游憩区域。一方面,园林是反映社会意识形态的重要空间艺术形式,也需要满足人们的精神文明建设需要;另一方面,园林同时还是社会的物质福利事业,是现实生活的一种实境,所以,还需要能够满足人们进行良好休息与娱乐环境的物质文明需求。

一、科学依据

在对任意一个园林艺术进行创作的过程中,都需要先根据工程项目的科学原理以及技术需要进行。如在园林设计过程中,要按照设计的有关要求结合原地形做出园林的地形与水体方面的规划。设计者一定要对该地段的水文、地质、地貌、地下水位、北方的冰冻线深度、土壤的有关状况等一些基本的资料进行详细的了解。只要收集到了比较可靠的科学依据,为地形进行改造、水

体设计等提供必要的物质基础,就可最大程度避免水体漏水、土方塌陷等事故的发生。种植各种花草、树木,也要根据植物的生长要求、生物学特性、植物的不同喜好进行设计,如喜阳、耐阴、耐旱、怕涝等生态习性做出配植(图 3-1)。一旦违反了植物的生长科学规律,必定会导致种植设计失败。园林建筑、园林工程等相关的设施更需要有严格的规范需要。园林规划的设计也会对科学技术等多个方面产生相关的问题,主要包括水利、土方工程技术方面,建筑科学技术方面,园林植物、动物方面等。因此,园林设计的一个首要问题就是要具有科学的依据。

（a）喜阴植物

（b）耐寒植物

图 3-1　不同喜好的植物

二、社会需要

园林属于上层建筑的范畴,它主要反映出社会发展的意识形态,为当前整个社会的精神和物质文明建设提供良好的服务。《公园设计规范》中指出,园林主要是完善城市四项基本建设职能中的游憩职能这一重要职能的基地(图3-2)。因此,园林的设计者首先需要充分了解广大人民群众对园林的有关心理,充分了解公园中所需要开展活动的有关要求,创造出一个能满足不同年龄段、不同兴趣爱好以及不同文化层次的游人所需的园林模式,从而实现园林真正地面向大众,服务人民。

图3-2　园林内休憩

三、功能及审美要求

园林的设计者在进行园林设计时需要考虑到广大人民群众的审美要求、功能要求以及活动规律等方面的有关内容,创造出一个景色十分优美、环境极其卫生、情趣盎然、舒适方便的园林空间,充分满足游人在游览、休息以及健身娱乐活动等多方面的需要。在进行园林的规划设计时,不同功能区也有不同的设计手法。如儿童的活动区,要求交通相对便捷一些,所以,通常在靠近主要的出入口处进行设置;还应该结合儿童的生理和心理特点,需要对该区的园林建筑造型设计做到新颖别致,色彩鲜艳,空间也需要保持开阔,形成一派生机勃勃、充满活力、欢快的景观氛围(图

3-3、图 3-4)。

图 3-3 儿童游乐区——空间开阔

图 3-4 儿童游乐区——设施齐全，色彩明快

四、经济条件

在进行园林设计过程中,其中一个重要的依据就是经济条件。一处园林绿地,可以采用多种设计方案,采用不同的建筑材料、不同规格的苗木和施工标准,包括不同的资金投入等。当然,设计者也需要在有限的投资条件基础上,充分发挥出设计技能,节省额外的开支,创造出一个理想的园林设计作品。

综上所述,一个优秀的园林作品一定要充分做到科学性、社会性、功能性、艺术性以及经济性的完美结合,同时也应该做到相互协调,全面运筹,争取达到最佳的经济发展效益、环境效益以及社会效益。

第二节　风景园林设计的原则

一、园林整体规划设计原则

在进行园林规划设计时,一定要遵循的三个原则是"适用、经济、美观"。

园林设计工作的显著特点就是要有比较强的综合性,因此需要做到适用、经济、美观三者之间相互辩证统一。三者之间的关系需要做到相互依存、不可分割。当然,三者都需要在不同的情况下,有一定的侧重。

(一)适用原则

在通常情况下,园林的设计需要最先考虑到适用的有关问题。所谓适用,一是指园林的设计需要做到因地制宜,科学合理地进行规划;二是园林的基本功能需要适合服务的对象,满足服务对象的基本需要。同样,适用的观点也带有一定的永恒性与长久性。例如,清代的帝王宫苑颐和园、圆明园的建造设计,就做到了因地制宜的规划,这是一个很好的例证。

颐和园在设计之初,瓮山与瓮湖已经具备了大山、大水的骨架,经过对地形的一系列整理,参考杭州西湖,建成了万寿山、昆明湖的山水骨架,同时还以佛香阁作为全园的构图中心,建成了一种主景突出式的自然山水园(图3-5)。

图 3-5 颐和园

同颐和园相毗邻的圆明园起初属于丹凌三片地貌类型,自然喷泉遍布,河流纵横。依据圆明园原有的地形以及分期建设的相关情况,建成了平面构图上以福海作为中心的集锦式自然山水园林形式(图 3-6)。因为做到了因地制宜的设计,比较适合原地形的有关状况,从而创造出了一个独具特色的园林佳作。

图 3-6 圆明园的福海

(二)经济原则

在充分考虑了适用原则的前提下,则需要充分考虑到经济方面的设计原则。事实上,正确地进行选址、因地制宜、巧于因借,本身就能够节省大量的资金投入。经济问题的实质其实就是怎样做到事半功倍,也就是在投资尽可能少的基础上多办事,办好事。当然,园林的规划建设也需要依据园林的性质,确定必要的资金投入。

（三）美观原则

在适用、经济的基础上，还需要尽量做到建筑的美观，满足园林的布局、造景等艺术的相关需要。在某些特定的条件下，美观原则应该提到一个最重要的地位上来。事实上，美感本身也就是适用性，也就是它所具有的观赏性价值。园林中一些孤置的假山、雕塑作品等也能够起到装饰、美化环境的作用，给人一种精神方面的享受，这实际上属于一种十分独特的适用价值、美的价值（图3-7、图3-8）。

图3-7　苏州园林网师园——用太湖石装饰墙体

图3-8　西湖用雕塑点缀湖面，营造美景

在园林的设计过程中，适用、经济、美观三者之间是相互联系的，是一个不可分割的整体。单纯地追求设计中的适用、经济因素，而不考虑园林的艺术美感，就会大大降低园林的艺术水准，从而失去园林的吸引力,进而得不到广大人民群众的喜爱;如果只是单纯地追求美观,不全面考虑适用与经济的有关问题,同样也不能得到人民群众的认可。因此,必须要在适用与经济的基础上,尽量做到美观,美观也一定要和适用、经济协调起来,统一起进行考虑,最终创造出一个比较理想的园林设计艺术佳作。

二、园林绿地设计原则

(一)相地合宜原则

在进行园林绿地设计时,需要结合不同的场地、自然条件以及周围景观的文化特性,把原有的景观要素充分利用起来,并使它们能够发挥新的实用和审美功能,做到因地制宜地进行创新设计,避免出现雷同单一的景观造型。如在北方,设计时需要考虑北方的地形、文化、经济等方面的条件:大平原、皇权集中地、少雨等,从而设计出符合北方环境的景观。而在南方,主要是多雨、山地丘陵分布、河流纵横,所以可以借助这些自然景物进行设计(图3-9)。

(a)北方园林绿地设计

图3-9　南北方绿地设计遵循相地合宜原则

（b）南方园林绿地设计

图3-9 南北方绿地设计遵循相地合宜原则（续）

（二）以人为本

世界人本主义心理学的重要奠基人马斯洛曾经说过：科学一定要将注意力投射到"对理想的、真正的人，对完美的或永恒的人的关心上来"。所以，所谓的人性化空间设计，也需要满足人的舒适、亲切、愉悦、安全等方面的感观需求，并提供轻松的感觉空间。创造出人性化的空间主要包含了两个方面的内容：首先是设计者能够充分利用设计的有关要素构筑空间；其次，在涉及人的维度时，主要是设计者在构筑有关空间的基础上也赋予空间一定的意义，从而能够尽可能地满足人们不同需求的过程。在进行园林绿地的规划设计时，应该做到以人为本，为人们提供一个轻松、愉悦的休憩空间，进而充分满足不同的使用者共同的基本需要，从而关照普通人的空间体验，摒弃过去的一些带有纪念性、非人性化的视觉展示和追求（图3-10）。

图 3-10　开放性园林

（三）生态化原则

在进行园林绿地的设计过程中,需要充分发挥出园林绿地天然氧吧、空调器、隔音板的有关作用。在设计过程中需要做到顺应自然,坚持以当地的植物为主,充分有效地利用植物所具备的生物学特征,使其可以在空气净化、气候调节、降低噪音、水土保持等多个方面发挥出重要的作用,不断对生态环境条件进行改造（图 3-11 ）。

图 3-11　千岛湖森林绿地氧吧园林

（四）美学原则

园林绿地的景观空间通常都是由很多个景观要素组成的综合体,其景观空间的构成要素主要包括了地形、植物、构筑物、小品等,这些构成要素之间也会呈现出色彩和色彩、造型和造型、质感和质感以及色彩、造型、质感之间相互错综复杂的关系。为了能够尽可能地妥善处理它们之间的关系，使景观被大众所普遍接受，设计人员就需要遵循一定的形式规律对其加以构思、设计，从而完成实施、建造。绿地景观的设计需要融入现代化的科学艺术，和现代的科学、环境、装饰、多媒体等艺术形式结合在一起，以表现出十分鲜明的时代性与艺术性特征，从而创造出一个具有合理的使用功能、高质量的绿化景观（图 3-12）。

图 3-12　园林绿地与现代艺术结合

（五）与时俱进原则

说起中国的园林，很多人最先想到的都是"上有天堂，下有苏杭"。这也充分表现出了人们对优美自然环境的无限憧憬。在中国长达几千年的漫长历史长河中，中国大地上建立起来的园林数量繁多，如苏州的拙政园（3-13）、留园（图 3-14）等大批的古典园林，甚至已经被纳入了世界文化遗产名录中。但是，近代以来，因为战争和天灾人祸等多方面的原因，再加上不同时代、社会对园林所表现出来的不同需求，使得中国的园林发展到今天，走的是一条十分艰难而曲折的路程，真正意义上的现代园林与城市绿化也是在新中国成立之后才发展起来的。

图 3-13　苏州拙政园

图 3-14　留园冠云峰

近年来,因为现代化工业的迅速发展以及城市人口的飞速增长,城市的环境越来越差,原有的一些园林绿地已经远远不能满足城市化发展进程的需求。尽管大规模的园林建设活动很多,在一定程度上起到了比较积极的作用,但是因为受到传统园林的有关影响,这些园林建设并未能够从根本上阻止环境的持续恶化。土地资源的进一步紧张,使通过大幅度扩大绿地面积改善环境的途径比较难以实现。自然资源的再生利用,生物多样化保护也迫在眉睫,自然生态环境已经变得十分脆弱。加上外来文化的大肆侵入,乡土文化遭受严重的冲击等。这一系列的新情况,都要求我们能够做到与时俱进。

现代园林的建设主要是在人类发展、社会进步以及自然发展演化过程中出现的一种协调人和自然之间关系的工作类型,其领域十分广阔,前景极其美好。但是人类一定要充分认识自己所负的责任,理解社会发展的规律,理解自然演化的有关进程,在因地制宜、以人为本的基础上充分发挥园林规划设计的功能。

进入 20 世纪以来,尤其是在最近几十年,因为社会经济的快速发展,世界各地的公园得到迅速发展。大量新的公园出现,其面积也在持续扩大,风格也趋于多样化,主要表现有下列几点。

1. 风景园林的类型多样化

近年来,在国外的一些城市中,除了传统意义上的公园、花园之外,还出现了多种形式新颖、特色鲜明的公园。如美国的宾夕法尼亚州开辟出了一个"知识公园",园中采用十分茂密的树林以及起伏连绵的地形设计出了多种多样的普及自然常识的"知识景点",每一个景点也配置了专门的讲解员为求知的游客们提供服务。除此之外,世界各国还有一些富有艺术特色的公园,如丹麦的童话乐园(图 3-15)、美国的迪士尼乐园(图 3-16)、澳大利亚的袋鼠公园等。

图 3-15 丹麦童话乐园

图 3-16 美国迪士尼乐园

2.布局上以植物造景为主

在对园林进行规划布局方面,普遍采用的是植物攀景为主体,建筑的比重通常比较小,主要是以追求真实、朴素的自然美为目的,尽可能地使人们可以在大自然的气氛中去轻松自由地漫步,以便于能够寻找一种诗意和重返大自然的感觉。

3.科学的管理

在园林的容貌养护方面,大量采用了十分先进的技术设备以及科学的管理方式。植物的园艺养护、操作通常都能实现机械化发展,并大量运用电脑加以监控、统计以及辅助设计。

4.园林界交流增多

当前,随着世界各国之间的交往在日益扩大,园林界之间的交流也逐渐增多。各国都不断举办各种性质的园林、园艺艺术节等活动,极大地促进了园林事业的快速发展。如昆明世界园艺博览会,2006年在沈阳举办的世界园艺博览会(图3-17),就吸引了多达几十个国家的人来参展交流学习。

图3-17　2006年沈阳园艺博览会

第三节 风景园林设计的形式美

美是感性认知,它既有内容,又有形式,是内容与形式的高度统一。没有内容便不称其为美,缺少了美的形式,也就失去了美的具体存在。英国著名美学家鲍山葵曾经在《美学三讲》中提出两个截然相反的命题,他说:"一个对象的形式'既不是它的内容或实质',又'恰恰就是它的内容或实质'。"他认为这两个命题都是对的,因为"形式就不仅仅是轮廓和形状,而是使任何事物成为事物那样的一套套层次、变化和关系——形式成了对象的生命、灵魂和方向"。宗白华先生也曾经说过:"美的形式的组织,使一片自然或者人生的内容自成一独立的有机体的形象,引动我们对它能有集中的注意、深入的体验。"事物美的形式主要分为两种:一种是和内容紧密相关的本质的内在形式,另一种则是和内容不直接相干的、非本质的外在形式。对于园林艺术而言,外部形式有更重要的意义。为了进一步提高园林艺术的审美功能,就需要研究形式美的规律,具体的体现就是我们所说的"形式美的法则"。

一、形式美法则

(一)多样统一法则

园林失去了美的形式,就失去了美的具体存在。研究园林美就要找出它的规律,园林的形式美就表达出了这种规律。

多样统一法则是形式美中的一条基本规律,或称有秩序的变化。多样是指整体中的各个部分在形式上的差异性;统一是指整体中的各部分在形式上的某些共同性。差异性过大就感到杂乱,没有了差异性就会感到单调。例如,在公园中种植多样的园林植物会使人感到十分丰富,但是若高低、色彩、形态差异过大、数量过多,有时则会使人感觉杂乱无章。一些花园式林荫路或是专类园布置了各式花坛或是各不相同的品种,形态植物罗列,为避免杂乱以一种植物或是某种配植形式(如花境、绿篱),将其概括、协调、统一全局,就可以做到具有整体感,又十分丰富。

在中国优秀的古典园林中,有几十公顷、几百公顷的规模的园林,各种建筑上千乃至上万间,都不会使人感到散乱无序。例如,颐和园万寿山前,从东向西在长廊的北侧一千米的距离中,有十几组各种园林建筑,都有各自的特色。从长廊或湖面上都可以欣赏到高低错落、玲珑剔透、疏密相间的各式建筑,景色优美而变化多样。各组建筑都是木结构、坡屋顶,按照一定的法度建造。同时因为长廊的贯穿、串联,山坡上种满常绿树的背景,又使这些建筑呼应协调,统一成为一体。乐寿堂前园墙上的什锦窗,有多种形式的变化,但是看上去,既丰富又风格统一。

法国凡尔赛宫的花苑位于广场与王家大道上,安置有一系列的雕像,每个雕像都有自己的背景故事,都有不同的姿态和穿着,但在绿色的背景下,仍然成为一道靓丽的风景线,反映出庄重典雅的空间感(图3-18)。

图3-18　法国凡尔赛宫的花苑雕像

（二）对比微差法则

　　园林的各个实体或要素之间存在着不同的差异，显著的差异就构成了对比，对比可以借助互相烘托陪衬求得变化。微差的积累能使景物逐渐变化，或升高、壮大、浓重而不会使人感到生硬。微差是借助彼此之间的细微变化和连续性以求得协调，无论个体或整体中都是如此。园林建筑中的冰裂纹窗户，花纹比较自由，每个窗格都相似，但有整体感，特别是有自然雅致的意蕴（图3-19）。园中布置的花卉，在色彩上有退晕，有渐变，能使人感到柔美而没有跳跃刺激感。

图 3-19　什锦窗间的微差

　　没有对比会产生单调，而过多的对比又会造成杂乱，只有把对比和微差巧妙地结合起来，才能达到既有变化，而风格又协调一致的效果（图3-20）。对比微差主要表现在以下几个方面。

图 3-20　树形的微差

1. 形体对比

园林植物中黑杨与碧桃、合欢与桧柏都形成形体对比,整齐的篱笆与自然树姿形成形体对比,园林建筑中尖塔与平直建筑之间形成形体对比(图 3-21)。

图 3-21　园林植物对比

2. 色彩对比

在园林植物的配植中,色彩的对比实例有很多,如红色的枫树和绿色的背景与常绿树的对比,桧柏与白丁香的对比。中国皇家园林中的建筑上,朱红油漆的木装修与汉白玉栏杆,以及江南园林中栗色装修与粉墙的对比(图 3-22)。

图 3-22　建筑与植物的色彩对比

3. 虚实对比

园林中的山体为实,水为虚,同时,两山间的山谷通常都是虚;建筑为实,疏林为虚;墙为实,廊为虚。园林中只有具备了虚实的对比,虚实相间,才能让园林的幽深多趣、变幻多姿完美地呈现出来(图3-23)。

图3-23 园林景物虚实相生

4.明暗对比

在园林中,明暗的对比如草地和密林,山洞和开阔的水面,暗道低谷和广场,敞亮的山顶和深邃的密林等。明暗对比,光影发生一定的变化,可以让园林的景色变得更为生动,产生动情的幻觉(图3-24)。

图3-24 园林景物的明暗对比

5.动静对比

飘香、流水、行云以及伫立的建筑、山石、古木等都可以形成动静之间的对比(图3-25)。

图 3-25　北京卧佛寺——动静景物对比

　　园林中也有很多的对比,例如,有秩序的篱笆和自然生长的花木之间的对比;中轴线和横轴线之间的对比;散落和集中的对比;大小高低之间的对比;直线和曲线形成的对比;坚实挺立的山石和苍虬如盖的松树形成的对比等等(图 3-26)。

(a)人工与自然、曲直之间的对比

(b)厚重石料与清灵池水之间的对比

图 3-26　园林中的各式对比

（三）重点突出法则

所谓重点突出，也就是主和从、重点和一般的关系。在园林中缺少了视线的集中点，失去了重点或核心，就会使人感到平淡、寡味、松散。园林也同绘画、音乐、戏曲一样都要有主题，鲜明的主题要靠重点突出。

中国古典的皇家园林建筑中的颐和园、北海（图 3-27）等，都有十分突出的重点，可以给人一种极为深刻的印象。利用中轴对称的构图，也能够明显地突出重点，像法国的凡尔赛宫、俄国的彼得堡夏宫。在中国的园林中想要突出主题，也并非一定要以主景升高或者严正对称的结构形式呈现出来，例如，在园林中，有的地方种植一片石榴（南京燕子矶），有的地方则种植一片海棠（昆明圆通山，图 3-28a），有的地方种植的是一片梅花（杭州西湖灵峰），而有的地方种植的是大片的竹林（北京紫竹院公园）（图 3-28b），这些都十分鲜明地突出了主题，表现了独特的"个性"。用孤立的树也一样能够达到突出重点的有效目的，在西方的园林设计中十分普遍，即便是在中国的园林中也存在这种情况。

图 3-27　北海公园白塔

（a）昆明圆通山海棠

（b）北京紫竹院公园竹林

图3-28　重点突出法则的应用

在中国,传统意义上往往会将树木花草人格化,赋予其一种精神,成为一种象征。所以常常集中某种园林植物的群体成林成片,或者突出一株、几株,加以渲染而成主景。比较常见的植物主题造景有桃花坞、兰圃、黄叶树、橘子洲、海棠峪等等。

（四）韵律节奏法则

自然界中许多事物或现象,往往由于有秩序的变化或有规律的重复出现,而激起人们的美感,这种美通常称为韵律节奏美。通常在音乐、图案画中讲韵律的节奏最多。园林的植物配植讲韵律的节奏则是使不同的园林植物组成的群体以一定的秩序进行水平配列。有韵律节奏的植物配植能够使作品避免单调,从而增加了生气,表现出情趣。用花坛、花境的线、面,以树木的形体、质感、花卉的色彩能够比较有效地创造出韵律来。在林缘、岸边的植物配植则最能表现出韵律的节奏感。即使是在公园、花园中也是一样的,例如,法国的凡尔赛宫、枫丹白露的庭园中有一些部分,就采用了林带、花坛、草坛等,比较成功地达到了韵律化的效果。韵律的表现主要有以下几种。

1. 连续韵律

连续韵律的表现手段通常有树木或者树丛的连续等距的出现;园林中的建筑物栏杆、道路旁边的灯饰、水池中的汀步等(图3-29)。

图 3-29　花坛的连续韵律

2. 渐变韵律

林木的不同排列会使韵律发生一定的变化,如变疏、变密,花色发生改变,如变浓、变淡。很多古塔的每层密度都会发生一些渐变,如河南的松云塔,始建于北魏时期,其具有十分典型的层间密度变化(图 3-30)。

3. 起伏韵律

植物的起伏也富有韵律上的变化,如高矮变化等。在中国的园林建筑组群中,以体形的起伏变化而构成的生动画面比比皆是,如北京的植物园河北岸的树木变化,就具有比较典型的起伏韵律变化(图 3-31)。

图 3-30　河南松云塔

图 3-31　植物的起伏韵律

4. 间隔韵律

在园林设计中,利用间隔距离的长短形成典型的韵律,在城市的街道上种植自然式植物景观,如树丛、灌木丛、单株树木之间的距离不等,具有十分活泼、自然的气氛。园林建筑中的塔,有的层间距离会不同,也能够产生一定的韵律;建筑装修过程中的窗扇图案、传统建筑的墙头图案等,也算得上是一种间隔变化的韵律,能够给人一种美的享受(图 3-32、图 3-33)。

图 3-32　颐和园花承阁琉璃塔

图 3-33　间隔韵律

（五）比例尺度

　　比例主要表现的是整体或者部分之间的长短、高低、宽窄等多种关系。换句话说,也就是部分对全体在尺度之间做出的一种调和。通常情况下我们所说的尺度并不是指真实的尺寸大小,而是给人们一种感觉上的大小与真实大小之间的关系。北方的四合院中,庭园树常常选用海棠、金银木、石榴、玉兰,而大门口外因为街道的空间比较大,经常选用中国槐,这是中国北方一种习惯的种法,比例尺度方面也是比较合适的。在广场、公建之前,花坛的大小以及植物的高低也都需要充分考虑好比例尺度的有关问题。北京天安门前花坛中的黄杨球直径达 4m,绿篱的宽为 7m,都超出了平常的尺度,但是和广场以及天安门城楼的比例尺度相和谐。

　　颐和园的廓如亭是中国第一大亭（图 3-34），面积达 $130m^2$，它和十七孔桥的尺度也同样是和谐的。颐和园万寿山的顶处，在建设清漪园之初有大报恩延寿寺，寺后则有仿建浙江的六合塔的九层延寿塔，在建到第八层时，乾隆却下令拆除，相传拆除的原因是京师的西北方向不宜建塔，遂改建为八方阁，也就是现在的佛香阁。实际上，佛香阁的尺度和全园的比例也是十分协调的。与皇家园林相比，私家宅园的建筑与花木的比例尺度则要小很多，彰显出亲切宜人的氛围。

图 3-34　颐和园廓如亭

（六）层次渗透

　　园林中只有具有了一定的层次渗透，才可以产生一种幽深的感觉和无尽的幻觉。层次也能简单地说成是一张图画的构图，园林是一张可游的"画"。所谓"步移景异"，即人动则画面就随之改变。在纵深上来讲则是"曲径通幽""柳暗花明"，就是要有明显的间隔、段落、转折以及空间层次的变化。组成间隔、段落、转折以及空间的元素，也就是植物、建筑、水体与地形，除了它们能够单独地存在之外，还需要的就是它们之间的完美组合。如我们能够利用外廊、走道、漏窗、露台以及顶棚，或者树林、树丛、树列、山形水系等一系列形态，来形成一个纵深的面，达到空间上的渗透或者流动。建筑物、树木、山石都能够在景物前面或者侧面作为陪衬或者装饰,使景深进一步加大,从而加强了纵深感。漏窗或者疏林也能够在主景前面蒙上一层面纱,使景物变得更为诱人多趣。水面的倒影、激流、瀑布都可以使景物变得更为生动鲜活(图3-35)。

（a）里面上的层次感　　　（b）空间的层次渗透

（c）树林中的层次渗透

图3-35　各种类型的层次渗透

（七）均衡稳定

在国内外传统的园林建设过程中,都十分喜欢用对称式的建筑物、水体或者栽种植物等,以形成明显的中轴线,保持稳定、均衡、庄重。在特殊的场地或者环境的影响之下,仍然应该保持一种相对稳定的格局,运用拟对称的手法,在数量、质量、轻重、浓淡方面产生呼应,以此达到活而不乱、庄重中有变化的效果。

北京城内的北海公园五龙亭(图3-36),就是在平面上做的对称式布局。在景山上,万春亭等五个亭子则不仅是平面上的对称,立面上也有高低、大小之分,既表现了主从关系,也保持了稳定。北京颐和园从东宫门入园是一系列对称式布局的院落(图3-37)。扬仁风是一处幽静的小院,是对称式布局,后山比较自然的环境中,像构虚轩、绮望轩就是拟对称式布局,比完全对称式东宫门一带建筑群显得活泼、自然。

图3-36　北海公园五龙亭对称布局

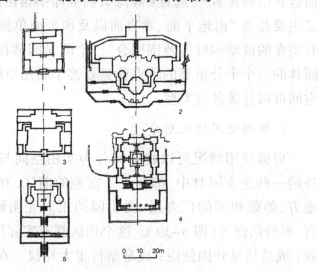

1—五圣祠；2—画中游；3—自在庄；4—宝云阁；5—转轮藏

图3-37　颐和园中几组堆成式图形

在通常情况下,建筑物的重心最低、左右对称才更具有稳定的感觉。园林中的建筑从屋顶到台基都依据上小下大、上轻下重、上尖下平的造型来保持一种静态下的稳定。在园林中还有以山石堆成的"悬挑"形式或者在水边种植树冠垂向水面的树，来形成一种动态平衡（图 3-38）。

图 3-38　树和喷泉形成动态平衡

（八）空间构成

对于空间的解释其实十分简单，就是"在无限诸方向之中，而包含诸物体者"（选自《辞海》，商务印书馆出版）。空间感的定义主要是指"由地平面、垂直面以及顶平面单独或共同组成的具有实在的或暗示性的范围围合"。空间是园林存在的基础。中国园林的一个十分重要的特点就是要善于利用空间的一系列变化。空间可以分成各种类型。

1. 根据使用情况划分

根据使用情况可以将空间分为实用空间与观赏空间。国内外的一些皇家园林中，都在进入宫苑的前区，有临时处理政务的地方，如颐和园的仁寿殿、圆明园的正大光明殿、法国的凡尔赛宫、枫丹白露等（图 3-39）。这个地区都有实际用处：或是处理朝政；或是接见外国使臣；或是举行重大礼仪。在这些实用空间的后面，常常就是帝后游兴的处所，也就是观赏空间。观赏空间的处理，没有实用空间那样严谨、庄重，而是比较活泼、亲切，尺度、色彩都比较宜人，具有空间错落、花木扶疏、开朗明快的特点。在现代的园林中也要根据游人的需要来划分空间。

（a）北京正大光明殿　　　　（b）法国枫丹白露

图 3-39　园林中的实用区域

2. 根据构成情况划分

　　根据构成情况来划分,空间主要可以分为建筑空间、地形空间(包括水体)以及植物空间。苏州的留园、北京的恭王府(图3-40),在进入正门之后都是建筑空间,这同样属于处理政务与居住的部分,是以园主人的日常活动与居住习惯进行布置的建筑空间。府邸宅园的后半部属于花园部分,这部分主要是将山水、植物布置在其中。但是与皇家园林中的那种山环水抱气势相比而言,则就要差得比较多。除圆明园中很多景点都是以假山围合的空间,其他如承德避暑山庄(图3-41)、北海等处都有以山体围合的空间,山体高低错落可以事先设定,总的隔离效果很好,如山上布置花木,其氛围更加自然。北京动物园鬯观堂周围以自然山石堆叠,围合成自己的院落,也颇具特色。

图 3-40　建筑围合的空间

图 3-41　承德避暑山庄

3. 根据布局情况划分

根据布局的情况来划分,空间主要有内在空间、外在空间以及流动空间的分别。一座园林的内部空间,主要是内在空间,这座园林之外的空间组成则为外在空间。很多公园以外的外在空间即为城市空间,它的尺度是超人的尺度,人在高楼大厦、宽阔繁华的闹市中自我感受是渺小的。公园中的尺度是众人、集体的尺度,再到具体景点的空间中,它是宜人、亲切的尺度,也就是完全进入了内在空间。法国凡尔赛宫苑由于路易十四在这里要举行上万人的盛大的宴请活动,而且他还要骑马打猎,所以全园的尺度是内在尺度和外在尺度的结合,形成所谓的"复调音乐"。流动空间就是将各部分空间互相贯通、连锁、渗透显现出丰富的变化,即达到所谓"曲径通幽处,禅房花木深"的境界(图 3-42)。

图 3-42　植物围合成的空间

二、形、质、色的运用

古代美学家认为圆、正方形、三角形这些形体具有简单肯定的形象,具有抽象的一致性,是统一与完整的象征。所谓抽象的一致性,主要是指这些形状具有相对确定的几何关系。如圆周上的任意一点距离圆心的长度是相同的;圆周的长度为直径的 π 倍;正方形或者正方体的各个边是相等的,相邻的边之间互相垂直;正三角形的三条边是等长的,三个角也相等,顶端则处于对边的中线上。

（一）形和线

1.线

线是造型要素的基本要求,面是由线构成的,几个面则可以构成形体。线可以分成直线、曲线与斜线。

（1）直线

直线是最基本的线,其本身实际上具有某种平衡性,也是生活中出现最多的一种线型,比较容易适应环境。直线则是人们设想出来的一种抽象的线,具有纯粹性和畅通性。法国的凡尔赛宫苑与枫丹白露宫道路(图3-43)、广场、建筑都是由直线框划成的,十分突出,这是一种力量的表现。但是它对一些人产生了一种不亲切、不自然,或者是强加于人的感觉。当然,有直线的园林也并未失去它应有的魅力。

（2）曲线或弧线

在古代希腊,曲线和直线被看作最美的线条,这是因为它是人体曲线的组成部分。在园林中应用曲线、弧线的地方也比较多。曲线的曲度、方向以及连续的表现都极为重要,曲线表现不好会让人感到无所适从,绵软无力。在园林的平面构图中,利用自然式的曲线,一定要有目的的使用,和周围的环境相协调,同时也是一种造景的需要,否则会感到有些矫揉造作、故弄玄虚,使人费解

（图 3-44）。

图 3-43　枫丹白露宫道路

图 3-44　唐纳花园的曲线水池

数学曲线（如二次曲线、三次曲线等）都是人工设计完成的，会有一种比较明确、单纯的感觉，使用不当会使人感到呆板、冷漠，忽视了人的情感而不那么亲切。

（3）斜线

斜线具有特定的方向性，它具有十分明显的特定方向的换入力。它能够打破许多直线相交的平淡，也能够扰乱平面上的整体秩序（图 3-45）。法国的雪铁龙公园平面就是以各种直线和斜线相交而成。北京的一些绿化广场中，也采取了这种格局。

图 3-45 法国雪铁龙公园

2. 形状

（1）圆与球

圆与球能够吸引人们的视线，容易形成视线重点。因为不具备特定的方向性，圆形在空间内的活动不受限制，所以不会形成紊乱。又因为其是等距离放射的，和周围的任意一种形状都可以比较好地协调。北京的天坛就是圆形的台，供帝王拜天所用，不仅在政治上是中心，在构图上也毫无疑问地成为这个区域的中心（图 3-46）。北京天安门广场的节日中心花坛，同样也保持了圆形的规模，有时在边缘能够形成各种各样的花瓣形、心形。恰好是由于圆形具有上述的特点，所以在构图上也需要考虑到它能和周围的环境相融合，例如，在自然树林边栽植圆形地花坛。在笔直的路旁，一定的空间中，圆形总是在游离，在"滚动"，就需要有相应的线或形与其匹配（图 3-47）。

图 3-46 天坛俯视图

图 3-47　北京西长安街圆形花坛

（2）四边形

四边形中,正方形具有近似于圆形的性质,梯形则具有斜线的性质。正方形是中性的,梯形为偏心的,而矩形在本质上来看则是比较适合造型的,在形状中是最容易利用的。在矩形中,长宽的比例通常采用 1 ：1.618 的黄金比,是自古希腊以来的比例典型。

（3）形的情调

从形状上来看,我们能够感觉出某种性格与气氛。如卷起、弯曲的形状,有一种优雅纤细的感觉;带棱角的形状,则有强壮、粗暴、尖锐的感觉。对于形的情调,我们总结出了一个表格作为参考(表 3-1)

表 3-1　形的情调

形状	形的情调
圆形	愉快、柔和、圆润
三角形	锐利、坚固、强壮、收缩
正方形	坚固、丰满、庄重
椭圆形	温和、展开
菱形	锐利、轻巧、华丽
长方形	坚固、强壮、稳重

（二）质感

质感是人们感触到素材的表面结构而产生的材质感。选用好特定的质感材料,能使庭园增色不少。应该从不同材料质地给人的不同感受进行研究,从而达到使用恰当的目的。

1. 各种质感

粗糙、不光滑的表面,可以让人感觉到一种原始、自然、朴素的质感。而光滑的表面,会让人感受到优雅、华丽、细腻。从金属上感受到的是坚硬、寒冷;从布帛上感受到的是柔软、温和、轻盈;从石头上感受到的是沉重、强硬、清纯;从树干上感受到的是粗壮、挺拔、苍老(图 3-48);从花朵上会感受到娇嫩、清脆、细薄(图 3-49)。

图 3-48 园林中的仿树干景物

图 3-49 花的质感——娇嫩、细薄

2. 不同质感材料的使用

要想运用各种材料的质感来达到理想的目的,必须根据庭园的规模来确定。例如,在自然幽雅的园林中,可以选用毛石铺路、砌墙,或以原木做栏杆,以茅草做屋面。高贵庄重的园林中,可以使用加工的天然石料;华美的园林中还可以用各种金属做栏杆、灯具和设施；一些比较好的儿童游戏器械，可以使用加工后的硬杂木，冬季低温、夏季日晒都不会妨碍儿童攀登；在现代一些新型园林中可选用各种塑料、塑胶、橡胶、粉煤灰、玻璃、陶瓷之类及各种合成材料，做屋面、路面、墙体等设施。

现代工业的发展，使我们可以利用很多化工、水泥材料，制造成各种仿自然材料的制品，其质地如同原始材料，耐用且容易施工，在园林中是大可选用的。无论天然材料或者是加工的砌块，用料的大小尺寸、大环境与小环境不同而不同，建筑外部的设施尺度、模数要比室内空间的大。

园林的树木花草除了各部位的质感不一样以外，整体的植物也有质感，例如，大叶的悬铃木、马褂木与细叶的丝绵木、合欢感觉完全不同；无花果与蔷薇的叶子大小不同，质感差别也不小。鸢尾与龙舌兰的叶子质感相差也不少。在设计上要根据环境的要求，进行植物配植，利用这些差别来形成景观（图 3-50）。

（a）木质材料的运用

（b）石质材料的使用

图 3-50 不同质感材料的应用

（c）天然石料的应用

图3-50　不同质感材料的应用（续）

各种材料的质感，可以比较简单地归纳为表3-2。

表3-2　各种材料的质感

材料	质感
粗糙的花岗石	原始、刚强、坚硬
汉白玉	优雅、华贵、纯洁
金属	坚硬、寒冷、光滑
原木	自然、温和、娴雅
竹材	自然、优雅、调和
塑料	轻盈、清洁、鲜明
混凝土（不粉刷）	自然、和谐、坚固
刺槐、毛白杨大树干	粗糙、原始
梧桐、玉兰树干	细腻、清纯
紫薇树干	光滑、圆润
马褂木、悬铃木树叶	宽阔、舒展
黄杨、景天叶子	肥厚、壮实
松叶	长细、坚挺

（三）色彩

　　颜色主要是借光线来刺激视神经，并传到视觉的中枢内形成感觉。颜色的不同是因为光线波长的不同。如红色波长为是 610 ~ 700nm（纳米，十亿分之一米），黄色的波长主要是 570 ~ 590nm，蓝色的波长为 450 ~ 500nm。绿色草坪之所以被看成绿色，主要是因为在阳光的反射时只反射出绿色光，对其他的红、蓝等光都全部吸收了。白的颜色,主要是因为将光谱内所有的基本上全部同时反射出来了(图 3-51)。

（a）红色为主调的庭院　　　（b）园林建筑的色彩

图 3-51　不同的园林色彩

1. 色彩的属性

颜色的基本种类称为色调,颜色的明暗程度称为明度。属于同一种色调中的色,有鲜艳与混浊的区别,这种着色的程度称为色度。颜色的色调、明度、色度三种性质叫颜色的三属性。无彩的色,则没有色调和色度,只有明度。

2. 色彩的情调

通常而言,色彩可以给人一种情绪上的影响。黄、红色属于暖色系统,看起来相对极为活跃;青、绿色则属于冷色系统,看起来也要静远一些。对于各种色彩可以产生不同的情调,我们用一个表将其进行归纳(表 3-3)。

表 3-3　各种颜色所能产生的情绪

红	非常温暖、非常强烈、华丽、锐利、沉重、愉快、扩张
橙	非常温暖、扩大、鲜明、华丽、强烈
黄	温暖、轻巧、明快、扩张、干爽
绿	安静、润泽、静谧、协和
蓝	非常清爽、愉快、坚固、湿润、沉重、有品格
紫	柔和、迟钝、厚重、显贵

3. 色调的选用

（1）根据庭院性质选用

色调的选用，要基于庭园的性质进行决定。在儿童公园中，其用色则要鲜明一些，同时还应该形成欢快的气氛（图3-52）；在游人众多的场合用色则要明显得多，使人一目了然，容易识别；在一些幽静的庭园中其用色则要淡雅一些。用色和光线关系很大，阳光直射的地方，亮色会更亮，所以在背阴处常用暖色调。

图3-52　儿童主题公园

（2）要考虑园林的主色调

每个园林中要考虑到主色调，因为色调是形成庭园个性的重要因素之一。中国的江南私家园林建筑物的门、柱大都是栗色或者黑色的，墙则是白色，显得稳重、幽雅而明快。北方的皇家园林建筑的装修主要是以红色或绿色为主，彩画中同时也加入了蓝、黑、白、红、绿以及贴金，金碧辉煌，灿烂夺目，具有皇家气派（图3-53）。在这些建筑色彩中间，也加入了大面积的灰或白色的地面、墙体、山石，不管是南北的庭园，全园都十分协调，同时也具有鲜明的个性。

（a）北方皇家园林

图3-53　南北双方园林的不同主色调

（b）南方园林

图 3-53 南北双方园林的不同主色调（续）

（3）对比色的使用量

园中有对比色才可以让景色变得更加丰富，不过对比色"量"的运用一定要适当，通常都是在一定的范围之内，有一定的比例关系。例如，大面积的白粉墙采用细窄的黑窗框；秀丽的白色雕像都使用大面积的深绿色植物作为主要的背景。"万绿丛中一点红"是点和面的比例关系，使红的越红，越醒目可爱。面和线之间的关系也能够用"又是一年芳草绿，依然十里杏花红"来形容，所以适量地、巧妙地用对比色，能够让整个庭园变得生机勃勃（图3-54）。

图 3-54 恰到好处的对比色使用量

（4）色调不可过多

在一些园林中，色调的使用不可过多，色调杂乱的庭园，会缺乏统一感，使人的心情变得烦乱。切忌运用过多的彩色铺装与各种色调对建筑物进行装修，其他的各种设施（如栏杆、垃圾桶、灯杆、座椅、指路牌等），也应该注意色调的运用不可过多过杂（图3-55）。

图 3-55　色调的使用不可过多

第四章　风景园林的设计程序与方法

在风景园林设计的过程中,需要综合考量、协调并解决需求性、功能性、技术性、生态性、经济性、艺术性等问题。设计是逐渐深入、不断完善的过程。本章将对风景园林的设计程序与方法展开论述。

第一节　风景园林设计的程序步骤

风景园林设计从对场地的综合考查入手,进行物质和非物质因素的多方面系统分析,从全局观出发,明确设计意象,结合各项因素进行深化,并严格按照国家设计规范进行设计和施工方案的表现。

一、资料收集阶段

（一）收集资料

在接受任务后,设计师在进行设计之前,应与投资方、业主进行初步的沟通,明确设计需求和意象,估算设计费用,明确设计任务,提出地段测量和工程勘察的要求,并落实设计和建设条件、施工技术、材料、装备等,综合研究,以形成园林的初步形式,这有助于未来设计、管理、施工的工作效率。同时,应将商讨结果以合约的形式落实在书面上,避免日后发生纠纷。前期资料收集如下。

（1）甲方设计人员的背景资料：主要负责人资料、主管部门资料、主管领导资料等。

（2）甲方项目要求：定位与目标、投资额度、项目时间要求等。

（3）同类项目资料：国内外同类项目对比分析、可借鉴之处等。

（4）项目背景资料：所在地理与周边环境、项目自身建设条件（规划、交通、建筑等）、项目所在地的地域历史与文化特征等。

按照设计任务书上的要求，明确所要解决的问题和目标，包括园林设计的使用性质、功能要求、规模、造价、等级标准、艺术风格、时间期限等内容。这些内容往往是设计的基本依据，清晰明确的设计目标有助于园林理想意向的形成。

（二）场地勘察

资料收集完成后，应对基地进行实地测绘、踏勘，收集和调查有关资料，为下一步进行设计分析提供细致可靠的依据。基地现状调查内容包括：

1. 场地位置和周边环境的关系

（1）识别场地现状和周边的土地使用。相邻土地的使用情况和类型，相邻的道路和街道名称，其交通量如何？何时高峰？街道产生多少噪声？

（2）识别邻里特征。附近建筑物的年代、样式及高度；植物的生长发育情况；相邻环境的特点与感觉；相邻环境的构造和质地。

（3）识别重要功能区的位置。学校、警察局、消防站、教堂、商业中心和商业网点、公园和其他娱乐中心。

（4）识别交通形态。道路的类型、体系和使用量；交通量是否每日或随季节改变；到场地的主要交通方式；附近公共汽车路线位置和时刻表；有无人群集散地。

（5）相邻区的区分和建筑规范。允许的土地利用和建筑形式；建筑的高度和宽度的限制；建筑红线的要求；道路宽度的要求；允许建造的建筑。

2. 地形

（1）坡度分析。标出供建筑所用的不同坡度；用地必须因地制宜,适宜场地中的不同坡度。

（2）主要地形地貌。凸状地形、凹状地形、山脊、山谷。

（3）冲刷区（坡度太陡）和表面易积水区（坡度太缓）。

（4）建筑内外高差。

（5）台阶和挡土墙。

3. 水文和排水

（1）每一汇水区域与分水线。检查现在建筑各排水点；标出建筑排水口的流水方向。

（2）标出主要水体的表面高程、检查水质。

（3）标出河流、湖泊的季节变化。洪水和最高水位；检查冲刷区域。

（4）标出静止水的区域和潮湿区域。

（5）地下水情况。水位与季节的变化、含水量和再分配区域。

（6）场地的排水。是否有附近的径流流向场地？若是,在什么时候？多少量？场地的水需要多少时间可排出。

4. 土壤

（1）土壤类型。确定酸性土还是碱性土；确定沙土还是黏土；确定肥力。

（2）表层土壤深度。

（3）母土壤深度。

（4）土壤渗水率。

（5）不同土壤对建筑物的限制。

5. 植被

（1）植物位置现状。

（2）对大面积的场地应标出：不同植物类型的分布带；树林的密度；树林的高度和树龄。

（3）对较小的园址应标出：植物种类、大小、外形、色彩和季相变化、质地、任何独特的外形或特色。

（4）标明所有现有植物的条件、价值和建设单位的意见。

（5）现有植物对发展的限制因素。

6. 小气候

（1）全年季节变化，日出及日落的太阳方位。

（2）全年不同季节、不同时间的太阳高度。

（3）夏季和冬天阳光照射最多的方位区。

（4）夏天午后太阳暴晒区。

（5）夏季和冬季遮阴最多区域。

（6）全年季风方位。

（7）夏季微风吹拂区和避风区。

（8）冬季冷风吹拂区和避风区。

（9）年和日的温差范围。

（10）冷空气侵袭区域。

（11）最大和最小降雨量。

（12）冰冻线深度。

7. 建筑现状

（1）建筑形式。

（2）建筑物的高度。

（3）建筑立面材料。

（4）门窗的位置。

（5）对小面积场地上的建筑要标明以下内容：室内的房间位置；如何使用和何时使用；何种房间使用率更高；地下室窗户的

位置；门窗的底部和顶部离地面多高；室外下水、水龙头、室外电源插头；室外建筑上附属的电灯、电表、煤气表；由室内看室外的景观如何？

8. 其他构造物

（1）墙、围栏、平台、游泳池、道路的材料、状况和位置。

（2）标出地面上的三维空间要素。

9. 基础设施

（1）水管、煤气管、电缆、电话线、雨水管、化粪池、过滤池等在地上的高度和地下的深度；与市政管线的联系；电话及变压器的位置。

（2）空调机或暖气泵的高度和位置，检查空气流通方向。

（3）水池设备和管网的位置。

（4）照明位置和电缆设置。

（5）灌溉系统位置。

10. 视线

（1）由场地每个角度所观赏到的景物。

（2）了解和标出由室内向室外看到的景观，思考在设计中如何加以处理。

（3）由场地内外看到的内容：由场地外不同方位看场地内的景观；由街道上看场地；何处是场地最佳景观；何处是场地最差景观。

11. 空间和感受

（1）标出现有的室外空间：何处为"墙"（绿篱、墙体、植物群、山坡等）；何处是树荫。

（2）标出这些空间的感受和特色：开敞、封闭、欢乐、忧郁。

（3）标出特殊的或扰人的噪声及其位置：交通噪声、水流声。

（4）标出特殊的或扰人的气味及位置。

12. 场地功能

（1）标出场地怎样使用（做什么、在何处、何时用、怎样用）。

（2）标出以下因素的位置、时间和频率：建设单位进出路线；办公和休息；工作和养护；停车场；垃圾场；服务人员。

（3）标出维护、管理的地方。

（4）标出需特别处理的位置和区域；沿散步道或车行道与草坪边缘的处理；儿童玩耍破坏的草坪的处理。

（5）标出达到场地时的感觉如何。

除此之外，还应反复研读委托任务书，查阅相关条件、资料以及法律法规等内容，对项目的可行性进行评估。

（三）对人文背景与自然生态的分析

1. 对人文背景的分析

分析人文背景主要包括园林所在地域范围内，人们在精神需求方面的调查和分析（喜好、追求、信仰等），以及社会文化分析（道德、法律、教育、信仰、宗教、艺术、民俗等）、历史背景的分析，以此作为景观设计人文思想塑造的基础。

2. 对自然生态的分析

对自然生态的分析包括自然环境系统、生态分布、生物适应性等方面的分析。目的是为营造生态、环保的园林环境，维护生态平衡和环境的可持续发展等方面提供设计依据。图 4-1 所示为美国纽约的中央公园（1857—1873），该公园被构想为一处能够为城市居民提供有益健康的新鲜空气、自然和活动的场所。如今，这座占地 341hm² 的公园仍然是曼哈顿市中心重要的开放空间，它在密集的城市环境中提高了居民的生活质量。

图 4-1　美国纽约的中央公园

　　总之,设计师要结合业主提供的基地现状图(又称"红线图"),对基地进行总体了解,对较大的影响因素做到心中有底,今后做总体构思时,针对不利因素加以克服和避让,充分合理地利用有利因素。此外,还要在总体和一些特殊的基地地块内进行摄影,将实地现状的情况带回去,以便加深对基地的感性认识。

二、项目策划阶段

　　基地现场收集资料后,必须立即进行整理、归纳,以防遗忘那些较细小的却有较大影响因素的环节。通过对园林设计所属地区的综合考察,通过现场测绘、踏勘等方式进行基地资料的收集和整理,可对其性质和可行性做出进一步分析。通过预测制定完成标准和时间表,并对资金预算进行平衡,形成明确的设计定位,并确定设计方案的总体基调,把信息数据转化为可供设计参考的策划资料。而在这一过程中,理性而抽象的思维是工作的关键,表达则需要尽量完整、系统、清晰、简明。

三、园林方案构思

　　方案构思是对场地整体有所规划和布置,保证设计的功能性和合理性。综合考虑各个方面因素的影响,创造性地提出一些方案构思和设想。设计是不断反复地"分析研究—构思设计—分析选择—再构思设计"，即推敲、修改、发展、完善的过程。[①]

方案构思图由场地功能关系图直接演变而成。构思图的图面表现和内容都较详细。构思图将场地功能关系图所组合的区域分得更细，并明确它的使用和内容。构思图也要注意到高差的变化，然而并不涉及此区域的造型和形式的研究。构思图可以套在场地功能关系图上进行，以便于深入地考虑前阶段形成的想法、位置和尺寸。设计构思图考虑得越深入，后面的步骤就越容易。

四、形式组合

（一）初步设计

初步设计是将所有的设计素材，以正式的或者半正式的制图方式将其正确地布置在图纸上。全部的设计素材一次或多次地被作为整个环境的有机组成部分来考虑研究，这个步骤考虑如下问题。

（1）全部设计素材所使用的材料（木材、砖、石材等）和造型。

（2）植物材料的尺寸、形状、颜色和质地。在这一步，画出植物的具体表现符号，如观赏树、低矮常绿灌木、高落叶灌木等。

（3）设计的三维空间的质量和效果，包括每种元素的位置和高度，例如，树冠、凉棚、绿廊、树篱、墙及土山。

（4）主要的高差变化：初步设计最好是在造型研究的基础上发展深入完善。将草图纸覆盖在造型图上，做出各式不同类型的草图，直到做出设计者觉得满意的方案为止。可能先前的概念和造型在此有很大的改变，因为设计师在推敲设计内容时，对比较特殊的因素可能产生一些新的构思，或受到另外一些设计因素的

① 在着手进行总体规划构思之前，必须认真阅读业主提供的"设计任务书"（或"招标文件"）。在进行总体规划构思时，要将业主提出的项目总体定位做一个构想，并与抽象的文化内涵以及深层的警世寓意相结合，同时必须考虑将设计任务书中的规划内容融合到有形的规划构图中。

影响或制约,所以要返回修改原来的图纸。

（二）方案草图设计

有些设计过程中包含方案草图设计。对于小尺度的设计,方案草图设计和总平面同时进行。但是,对于包含多种土地利用的数公顷的大尺度设计工程,需要更为细致的方案草图设计。

（三）总平面图

在初步设计图向建设单位汇报后,设计师根据建设单位的意见,重新对设计做了修改后,在原图上做出修改后的图。总平面是初步设计的细化。初步设计通常用随意的线条勾画,而总平面的图纸更为严谨和精细。总平面图的一些建筑线、产权线和硬质结构因素(如墙、平台、步行道等)的边缘线是利用丁字尺、三角板等绘图工具绘制而成的。

（四）其他配套图

在完成总平面图之后,还有相应的配套图纸要求,如种植设计图、竖向设计图、道路交通图、小品设施图等,以及相应的剖视图和透视图,以便于更好地诠释设计。

（五）局部设计

一些设计要求做深入的局部设计。对于一些较小的场地,如住宅或一个小型公园,总平面图和局部图用一张图就行了。然而一些设计内容包含了对土地使用的多重性,可以用局部放大图,便于研究各个细节问题。

（六）技术设计图

这个步骤主要考虑细节表现和材质的整合。例如,铺装形态、墙体和树篱的表现形式、出入口设计等。技术设计图给了设计师和建设单位一个清楚详细的设计状况,特别是在那些有争议的地方,技术设计图只是联系了设计的观赏特性和比例尺度,而不考虑详细技术和结构。

五、方案比较与方案汇报

（一）方案比较

在多数情况下,一个项目设计组可能设计两个或者更多的设计方案,以此进行比较和分析。每一个方案都有其优点和缺点,通过分析之后,可能选择某一方案进行下一步的结构设计和施工;也可能结合两个或者多个方案的优点成为一个设计来进行接下来的工作。方案的比较能够帮助设计者和建设单位找到方案的优点和不足,及时进行改善和提高,以避免一些错误的发生。此外,还能保证设计方案的品质。

在方案设计的前期,设计师通常还会进行一些类似案例的研究,来获取关于类似项目的设计信息,从而使设计方案在前人的基础上更有进步和提高。在进行案例研究分析的时候,首先要注重案例的典型性。尤其当类似案例很多的情况下,选择典型的案例更能清楚地说明这类项目的问题所在。此外,应尽量选择近年完成的案例。由于社会的发展和进步,尤其是新技术和新材料的产生,很多过去的案例可能已经跟不上时代的步伐,一些设计方法也许已经不适于新时期的设计。

（二）方案汇报

（1）方案的构思。用泡泡图表划分全部区域并组织场地平面。

（2）平面的构成。通过加或减的办法,表达从概念到平面形式的落实。

（3）展示方案。通过效果图和文字解释来展示方案。

（4）向客户汇报。数据要翔实，言语要生动煽情，思路要清晰；可以事先演练一遍；可以采用动画或多媒体的形式。

（5）充分地沟通。客户的想法、设计师的理念要充分沟通协商；设计师要充分阐述现场局限与有利条件。

六、初步设计与施工图纸

完成方案设计后，设计者下一步进行初步设计及施工图设计。方案设计更多地需要从视觉角度展示更多的细节及对设计概念进行论证；而初步设计通常包括总体布局设计平面、高程图、种植图、施工细节和文字说明，从尺寸上细化方案，以便为施工图做好准备。

图 4-2 所示为德国新布兰登堡防御区的初步设计图，是从多个规划方案中选取出来的，该方案被特别标注为最可取的规划方案，它展现了设计师们的设计思想和设计能力，将对于初步设计的说明附在图纸中，列明本解决方案的优势所在，并明确指出了其中的一个不足，即这个方案会牵涉一块私人领地。与其他竣工图和设计图所不同的是，本图的整个区域被全部上色，并且用线条标注项目区域，而在通常情况下，只有项目区域被着色，周边区域则用黑白图纸表示出来。

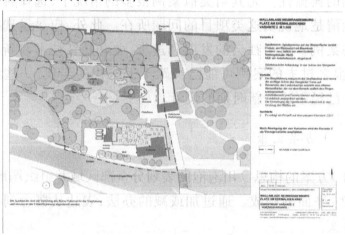

图 4-2　德国新布兰登堡防御区的初步设计图

施工图设计包括总图、定位、竖向设计、建筑小品、给排水、电器照明、建筑小品的建筑及结构施工图、绿化设计、背景音乐、卫生设施、指标牌等图纸。为避免引起歧义,设计师需要准备材料样板:准备硬质材料、绿化材料、灯具样板等。

七、施工

当全部的结构图完成后,用它们进行招标。虽然过程各有不同,但承包合同一般售于较低的承包者。当工程合同签字后,承包者便对设计进行施工。工程的时间是变化的,可能为一天或数月。设计者应常到现场察看,尽管没有承包施工人员的邀请,但景观设计师应尽可能地去现场察看工程的实施情况,提出需要注意的意见。在一定条件下,在施工阶段时常有问题发生,设计人员必须加以回答和解决。

在设计的实施阶段要求改变设计的某些方面这是常有的,设计师要保证工程的顺利进行,因此,这些变更和改动应越快越好。

八、参与项目验收

(1)与图纸一致。检查现场与图纸是否一致,特别是硬景与软景的规格是否与设计一致,效果好不好,是否具有安全隐患等。

(2)设计的确认。在竣工验收单上签字确认项目是否达到验收条件。

九、施工后评估与养护管理

工程完工并不意味着一个设计过程的结束。设计师通常要观察和分析这些工程来发现这个设计的成败和优缺点。这些观察和评价通常在施工结束后,设计师从设计建成后的使用中学习更多的知识。设计者应自问:"这个设计的造型和功能是预先所想象的吗?""此设计哪些是成功的?""还存在什么缺点和不足?""对所做的内容,下次需如何提高?"设计者从施工中学习知识是十分重要的,能把从中得到的收益带到将来的相似设计中去,避免下次再犯同样的错误。对做好的设计应有个评价和总结,以便在以后的设计中有所前进和提高,故评价也是设计程序的一部分。

设计程序的最后是养护管理。设计的成功不仅是图纸设计得好,施工中保质保量,而且还在于良好的养护管理。一个设计常常遇到两个问题:资金缺少,养护管理很差。养护管理者是最长远的、最终的设计者。因为错误线型的校正,植物的形体和尺度,有缺陷因素的矫正,一般的修剪和全部的收尾工作,都取决于养护管理人员。如果在养护管理阶段,没有对设计存在的缺陷有所认识,或没有完全理解设计意图,最终设计将不会收到最佳的效果。对于设计者,在设计的初期考虑到养护管理是十分重要的。

第二节　风景园林设计的方法

一、风景园林设计构思的方法

（一）功能论方法

形式与功能是设计师永恒不断的追求。功能论方法是从功能入手,通过前期对于基地内外的分析得出基地内应有的功能区,然后用功能气泡的形式表达在图纸上,如图4-3所示,最后在此基础上进行人口安排、园路布置和节点的设计。功能论方法的优点就是能够很好地解决功能上的问题,但形式上就有所缺失。

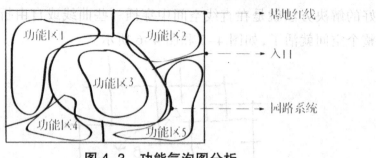

图4-3 功能气泡图分析

（二）结构论方法

1. 直线结构法

直线结构法是结构五法当中最简单的一种。设计的方法是让所有的直线十字相交（这里讲的都是90°相交的直线），然后形成不同的空间，如图4-4所示，通过气泡图分析，形成了A、B、C三个大小不同的功能空间，在此基础上再进行功能细化。针对任何设计环境，方法都是相同的，只要控制好空间的大小和主次就行了。

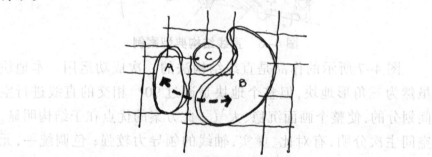

图4-4 功能气泡图分析

在练习的时候应该大胆尝试，可以用马克笔直接在A3纸上画，不需要擦，每个线条都不会被浪费，可以被利用起来。这里所说的"每条线都不会被浪费"，要深刻地理解这句话的意思。一条直线，虽然是随手一画，但它可以代表很多东西，如园路、景墙、铺装、构筑物和分割线等，要灵活运用。

纯粹的直线空间，运用得不好就会感觉很呆板，这个时候最好的解决方法就是在直线空间中穿插一些曲线或自由折线,这样整个空间就活了,如图 4-5 和图 4-6 所示。

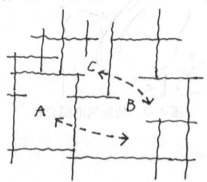

图 4-5　功能与流线关系

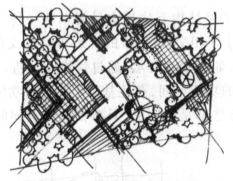

图 4-6　直线结构典型案例

图 4-7 所示的作品是直线结构法的一次成功运用。本地块虽然为三角形地块,但整个地块是通过 90° 相交的直线进行空间划分的,使整个画面沉稳、大气。此方案的优点在于结构明显,空间主次分明,有对比、虚实,轴线的领导力较强;色调统一,元素运用方面也是稳中有变。不足之处在于流线关系还需要强化,以及尺度感的把握需要加强。

2.弧线结构法

弧线更富有美感,动势很强。在用此方法进行空间构成的时候要有意识地控制空间大小。当弧线交叉过多时,可以选择先断掉,避免交叉。

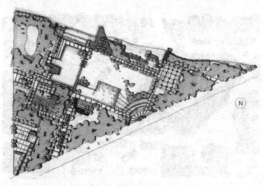

图 4-7　直线结构图

用大小不同的弧线元素进行空间分割是很容易做到的,如图 4-8 所示,但是要做得有大有小、有主有次、有虚有实、富有变化却不是件容易的事情。

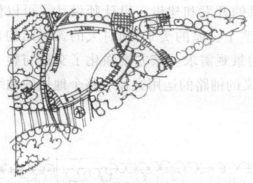

图 4-8　弧线结构空间

在做方案构思的时候,弧线结构方法与直线结构类似,需要考虑空间、流线关系与视线组织。最重要的是空间的主次要表现出来,可以通过不同大小的圆弧来实现,圆弧的直径和圆心的位置都要根据设计进行变化。

图 4-9 所示的方案比较成功地运用了弧线结构法。它的主要优点是大的弧线结构沉稳、大气,结构明显,对于整个景观空间具有较强的领导力;另外,空间构成方面主次分明。从整体效果来看,空间之间具有对比性,色调统一稳重。不足之处在于出入口广场的处理,特别是基地南部的入门广场还可以做正一点,弧形的结构线可以稍作延长。

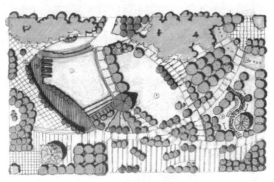

图4-9　弧线结构法

图4-10所示的芝加哥东部滨湖公园是一处面积为2.43hm^{2}的城市公园。本方案是弧形结构的一次典型的运用,设计师最初研究了总体规划方案,并制定了开放式空间设计原则,该原则指导着整个项目的开发和建设。设计师设计了可以供人远眺的空间,可以欣赏整个公园的美景,同时大的弧形结构也大大地满足了高层住户的景观需求。该方案强化了交通与整个公园之间的联系,极简主义的铺路的运用突显了整个地块的轴线。

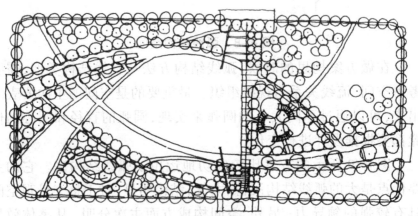

图4-10　美国芝加哥东部滨湖公园

3.折线结构法

折线是一种比较灵活的线条,给人无规律的感觉。在尝试这一风格前,可以多看看国外一些大师的作品,例如,爱悦广场,它仿照自然,利用折线处理各种地形,高低错落,没有规律,却很自然,是一个比较典型的折线作品。

折线结构法的一般过程是:先用 45° 和 90° 角的网格线铺在概念性方案下面,如图 4-11 所示;网格线中的概念方案被切割成由 45°、90° 和 135° 折线组成的空间构成,如图 4-12 所示;折线基本成形后再做下一步的细化,如图 4-13 所示。

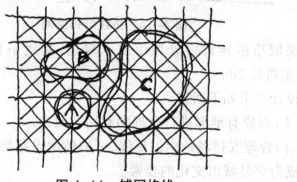

图 4-11　铺网格线

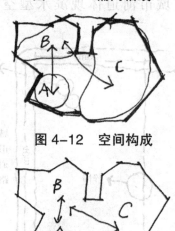

图 4-12　空间构成

图 4-13　进一步细化

在做折线空间的时候,主要强调运用钝角折线,如图 4-14 所示。另外,就是有意识地运用折线控制空间大小,形成空间序列感和空间之间的对比。

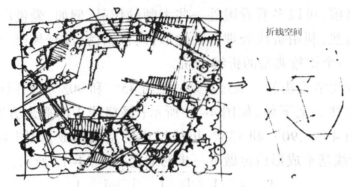

图 4-14 折线结构空间

某城市拟建设一处城市滨水绿地，基地呈长方形，南北长40m，东西长 20m。

设计要求如下所述。

（1）对原有地形进行合理的利用与改造。

（2）合理安排场地内的流线，可酌情增设花架与景墙等内容，使之成为突显城市文化的要素。

（3）应用树木、城市河道体现滨水型空间设计，地形如图4-15 所示。

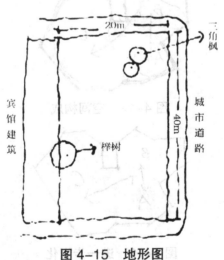

图 4-15 地形图

成果要求如下所述。

（1）平面图 1：200。

（2）鸟瞰图。

（3）剖面或立面图1：150。

（4）分析图若干。

（5）简短文字说明。

如图4-16所示,本方案主要运用大的折线关系作为整个空间的主要结构,并根据折线的走势结合地形进行空间处理。运用分级设置的平台和荡土墙设计的地形来处理亲水和防洪的问题。

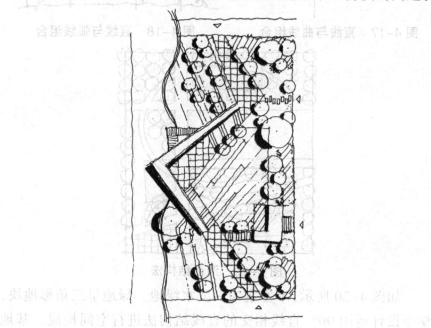

图4-16　折线结构图

4.混合结构法

通常来说,多种结构性元素的组合是最常见、最有效的设计手法。不管是直线与曲线的组合（图4-17）,还是直线与弧线的结合（图4-18）,都能达到很好的效果。

在练习中要从结构上进行强化,笔者认为是一个比较有效的办法。

图4-19所示为国外某公园绿地平面图。对于这类公园绿地常采用直线加曲线的组合结构,是一种很容易组织空间的构成方式。学习者可以在这种设计思路上多加训练。

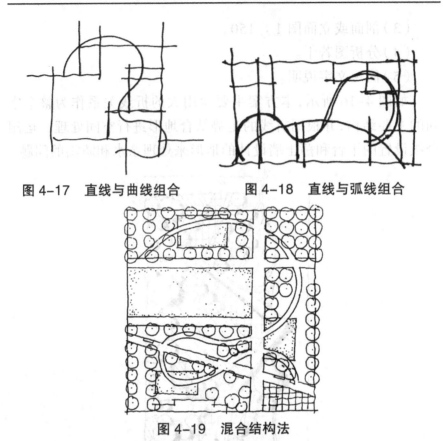

图 4-17　直线与曲线组合　　　图 4-18　直线与弧线组合

图 4-19　混合结构法

如图 4-20 所示,本方案为一滨水绿地。绿地呈三角形地块,整个设计运用 90°直线相交的直线结构法进行空间构成。基地北侧的曲线形态打破了直线的呆板,使整个空间充满灵动性,结构清晰,空间开合有度。不足之处在于驳岸设计过于僵化,需要进一步推敲。

5. 自由曲线结构法

前面论述的几种结构方法都是规则式(几何式)的,主要运用于小面积地块。对小面积地块运用规则式可以做得很大气,而且整体感强。自由曲线法也就是我们平常所说的自然式的构图,这种方法灵活性较高,主要适应于面积较大的地块,只需确定好主要出入口,再将路网结合主要功能区和水系进行安排布置即可(在这个过程中要注意园路的层次性、合理性和通达性)。

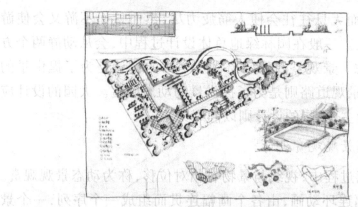

图 4-20 混合结构法

如图 4-21 所示的设计,采用自由曲线作为空间构成的元素,其空间的整体性强,曲线形态的园路的实用性强,步移景异,并配合了曲线形态的水系,具有空间序列感。从整体来看,色调统一。方案中需要注意的是四个大的草坪开场空间的对比稍弱,可适当调整,稳中求变。

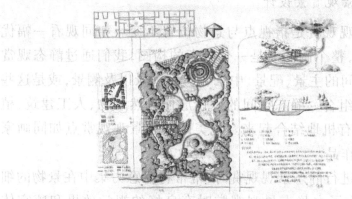

图 4-21 自由曲线结构

二、风景园林的景观设计方法

(一)动景和静景的观赏设计

景的观赏可分动静,即动态景观观赏与静态景观观赏。在游客游览过程中,往往是动静结合,所谓的动就是游动,静就是休憩,如果游而无息往往会使人筋疲力尽,然而息而不游又会使游览失去意义。一般在园林绿地总体设计过程中,会从动静两个方面进行考虑。景观空间的座椅以及亭廊的设计是为了提供景的静态欣赏,景观道路则是为了提供景的动态欣赏。大园的设计应该以动观为主,小园的设计则以静观为主。

1. 动态景观观赏设计

在游览过程中,视线与景物有相对位移,称为动态景观观赏。如欣赏一幅连环动画,由各个画幅连贯而组成一个序列,一个景色接着一个景色呈现在眼前,形成连续的动态景观构图。景观的动态观赏可以通过乘车、走路、骑马等方式进行,但不同的移动方式带来不同的观赏效果:乘车时,由于速度较快,注意力常集中在建筑以及景观的轮廓线和体量感;而步行时,由于视野开阔、行走闲散,注意力多集中在正前方,视线更为自由和分散。

2. 静态景观赏景设计

静态景观观赏是指视点与景物位置不变。如同观看一幅优美的风景画,整个画面便是一个静态的构图,我们通过静态观赏可以看到空间的主景、配景、中景、近景、远景以及侧景,或是这些景致的合理组合。静态空间的设计应使自然景物、人工建筑、植被绿化等都有机地结合起来。优美的静态景观观赏点如同画家或摄影师的作品。

人们在进行静态景观观赏时,常常将注意力集中在景物的细部处理上,为了在静态景观观赏时有良好的视觉效果和感官体验,可在景观整个序列中配置一些能够引起人们进行仔细欣赏的景物,这些景物可以是具有特殊造型的植物、具有特色的漏窗、亭台等,或是设计独特的景观小品。

(二)景观观赏视线的设计

立足点是人们观赏景色的位置,也叫视点。无论是动态景观观赏还是静态景观观赏都需要立足点这样一个位置,它决定了人们观赏景色的距离、人们视线的范围以及观景的效果。观赏点和观赏视距的合理与否直接决定了景的欣赏体验,视点的设置要能从最佳角度展示景色的美,要错落有致、抑高就低、有近有远,便于远观整体之形势,近感材质之细节。

对于正常人来说,明视距离为250m,当距离达到400m时景物就不能够被完全观察到了。当观赏距离大于500m时,景物看起来就是模糊的。当被观赏的景物在250~270m能清晰地看出景物的具体轮廓,但是要想更加清晰地看清景物的细节部分,观赏距离就要缩得更短甚至几十米之内了。在正视时,当观者保持头部不转动的情况下,视域的垂直明视角为26°~30°,水平视角为45°,如果超过这个范围则需要观者转动头部才能继续观赏景物。当人通过转动头部和身体进行观赏时,景观的完整度就会受到一定的影响,并且使人容易产生疲惫感。

观赏效果不仅与人本身的观赏距离和观赏角度有关,还与被观赏景观的尺度有关。景物尺度越大,则观赏距离宜越远,通常合适的视距大约为景物高度的3.3倍;观赏小型景物视距约为景高的3倍。对于景物的宽度,视距约为其1.2倍时最佳。景物高度与宽度之间的大小关系不同,则库尔德视距的因素也不同,如当宽度大于高度时,要根据高度和宽度综合考量视距大小;当高度大于宽度时,要依据垂直视距来决定。在平视且静态观景的情况下,以水平视角不超过30°为原则。

（三）景观的观赏方式设计

依据观赏点高度的不同可将景物的欣赏分为平视、俯视和仰视三种。俯视是指站在高点向下观望,景色尽收眼底;仰视是站在低处瞻望高处景物;在平坦地形之上或湖水之滨观赏景物多为平视。这三种观景方式的观赏,游人的感受各不相同。

1. 平视观赏

平视就是在观赏过程中视线平行向前,不用抬头或者低头就能够轻松展望。平视在观赏过程中给人带来平静、安宁、深远的感受,同时也是一种最舒服、不易产生疲惫感的观赏方式(图4-22)。由于平视风景的过程在透视中不能使与地面垂直的竖向线条消失,造成对视觉的感染力较小。而由于存在着能够产生深远消失感的平行于视线方向的线条和结构,使人具有强烈的纵深感受。在景观绿地中的安静区、疗养区、休息区、滨水区等空间可以运用平视的观景方法,创造恬静、安详的空间感受,如西湖美景多以平视为主,创造开阔的视野,带来安静和优雅的感觉。

图 4-22　平视观赏

2. 俯视观赏

当游人处在较高的观景点时,如果景物处于视点的下方,平视不能使景物映入人的眼帘,此时必须低头向下俯视景观。在俯视观赏的时候,产生方向朝下的消失感,也就是说景物高度越低,就越显得小,所谓"一览众山小"便是俯视带来的境界。俯视观赏容易形成开阔、惊险的景观效果(图4-23)。山地的景观设计常在高处设置观景台,便于游人进行攀登和俯视赏景。

图 4-23　俯视观赏

3. 仰视观赏

仰视是人们近距离观赏较高的景物时采取的仰头姿势,以观得物体的全貌。当仰视时,物体上与地面成垂直关系的线条会有向上的消失感,故易产生庄严肃穆和宏伟壮观的气氛。在景观设计中,若要创造景物的高耸感,应把观赏点置于景物高度的一倍以内,并且不提供向后退的空间,利用人仰视景物时产生的错觉,强调景物的高大。如人们在观赏一处伟人的雕塑、一座纪念碑时都必须以仰视的方式欣赏(图 4-24)。

图 4-24　仰视观赏

平视、俯视、仰视的观赏,各有其特色,或强调空间的平静,或暗示空间的开阔,或增强景观的宏伟。在完整的空间序列中应结合这三种观赏方式,营造感官体验丰富的景观空间,优秀的空间序列使人时而可登高远眺、时而可细细观赏、时而可静静仰望。

（四）景观的风景线设计

人们观赏景物时所处的观赏点和景物之间的视线，称为视景线，也叫风景线。园林景物的观赏，除了选择好的观赏点和观赏视距，还要对风景线进行布置，主要从景物的"显"和"隐"来讲。面积较小的园林、紧凑的景观宜隐；园林面积较多，视野开阔的大型景观宜显。在实际的设计中要隐显相结合，有隐有显，收放自如。

1.明显的风景线

用"显"的处理手法能使园林景观呈现出开门见山的大气、开阔的特点，这种处理手法常以对称的中轴线引导游人的前进，主要的景观节点始终呈现在行进的正前方，指引和暗示人们前行，轴线两侧布置次要景观，丰富感官体验。这种处理手法在纪念性景观和规模庞大的建造群中较为常见。如法国凡尔赛宫前的园林（图 4-25 ）、南京的中山陵、北京天坛公园等（图 4-26 ）。

图 4-25　法国凡尔赛宫前的园林

图 4-26　北京天坛公园

2. 隐蔽的风景线

这种隐蔽的处理手法将景物处理得深藏不露,由连贯的多条风景线逐步将景色展现出来,使游客在探秘似的好奇心的驱使下探索前进。隐蔽式的风景线可以选择从景观的正面展开或者从景观的侧面甚至背后引入,从而让人感受到深谷藏幽、峰回路转、柳暗花明、豁然开朗的情境。一些中国古典园林的入口处通常运用隐蔽的风景线,如拙政园的入口,用景墙遮挡住内部景观(图4-27)。

图4-27 拙政园的入口

3. 隐显相结合的风景线

隐与显相结合的处理手法是最为常用的手法,能够创造出具有强烈吸引性的空间序列,主要景观节点忽隐忽现、半隐半现,由多个部分、多个角度,通过引导使人进一步的探究,最终完全展示(图4-28)。

图4-28 隐显相结合的风景线

三、中国园林的布局手法

（一）传统的背朝外面向内的布局手法

这种布局的特点是园中心设池，建筑物沿池周边布置，形成一个相对集中、开阔的庭院空间，从而给人一种向心、内聚的感觉。这种布局在江南私家园林中多有应用，如苏州的鹤园、畅园、怡园等小型的园林。不过对于一些山地营造的园林，则不宜采取园中开池的形式，这时候需要结合具体环境恰当地处理园中山水与建筑的关系。苏州沧浪亭在这一点处理得很好。

沧浪亭布局以山为主，主要水面在园外，建筑环山构筑。建园者考虑到园外一弯清流，为弥补山地园少水景的缺憾，为使之相互呼应，将部分建筑、回廊设置成外向的形式，从而使内、外向两种布局形式融为一体。造园者一改高墙围园而拒溪于外的做法，沿河修筑了一条长长的贴水复廊，廊壁开了各式漏窗以沟通园内外景色，把园外的水与墙内的山联成一体。[①] 像沧浪亭这种园内外景色没有明显的界线，利用廊或门窗把园外自然风景最大限度地借入园内的布局方式，称为里应外合式空间布局或内外结合式空间布局。这种"未成曲调先有情"的构造方式往往会引起游人的兴趣，使观赏者迫不及待地想要进园一睹为快。

（二）建筑采用群体布局手法

中国传统建筑通常以群体布局为首，多采用院落的组合方式。这种布局方式不仅将内聚、向心的精神功能表现出来，同时还做到了与其他建筑形式的合院有所区别，比较突出的是清代的圆明园。

---

① 沿廊设置了藕香榭、面水轩、观鱼处等临水亭台，作为游廊衔接的转折和收头，给人以溪流曲折和水面开阔之感。园内景致隔水而露，园门涉水而开，巧借园外之水，为园内风景添色，未入园，先见水。

（三）空间采用向心式布局手法

向心式布局手法是中国古典园林中较为常用的布局手法，这种布局手法通常以南北为轴线，建筑主体通常采用前后左右的对称布置形式，设置在限定区域的轴线上，从而形成了以轴线上的主题建筑为中心，其他附属建筑分散在四周，并形成两两对称的格局。

例如，苏州园林的建筑以水池为轴心的居多，建筑分散在水池周围，池周建筑的朝向相同，面朝水背对外，以形成紧凑的空间（图4-29）。在皇家园林中向心式的布局也很突出。

图4-29　苏州园林沙盘

圆形的平面对向心的诠释更加充满神韵。北京北海团城庭院平面采用圆形（图4-30），以最短的长度取得了最大的面积。庭院平面采用圆形，以最短的围合城墙的长度，从而使园林中最大面积的建筑以承光殿为轴心，作圆周排列，腾出了许多空间，使原来较小的视觉空间变得更为开阔。团城两条轴线十分明显，即纵轴和横轴。纵轴，也是园内的主轴线①。两条轴线相互交叉，确定了庭院的整体格局。横轴贯穿团城两侧的园门、东西厢房和位于中心的承光殿②。

---

① 自园南的玉瓮亭、承光殿、敬跻堂，北至园外的堆云积翠桥。
② 团城，以最小的土方量创造出一个具有一定高度又有足够面积的园基。其外圆内方的平面形式正如它的名字一样，与中国传统的"天圆地方"的观念相切合。

图 4-30　北海团城全景示意图

合院建筑是中国传统建筑的另一种向心的表现。园林中使用合院较多的是北方皇家园林,皇家园林宫廷区都是主殿居中,配殿对称列于两侧,周以高墙围合,并把处于外围的门殿等建筑连接起来,根据需要组成以纵深配置为主,以左右跨院为辅,一进进的院落空间,形成气势宏阔、规模巨大的宫殿建筑组群。例如,北京恭王府花园布局大致分为东、中、西三路。西路景观最具园林意趣,斋榭画舫各得其所,并尽量向水池靠近;花园东部以建筑组成的庭院为主,庭院布局方式采用四合院的形式,厅堂、门、廊共同组成严谨规整的庭院空间(图 4-31)。

图 4-31　北京恭王府花园建筑布局

在古典园林设计中,有时为了取得自然美,和园林的风格相互呼应,建筑外檐通常不使用琉璃,屋顶也以卷棚歇山或卷棚硬山的形式出现,如避暑山庄宫廷区和颐和园仁寿殿建筑群等。另外,在避暑山庄湖区的洲岛如意洲、月色江声也采用了规整的合院布局。如意洲是山庄湖区最大的一座洲岛,因岛形像如意而得名。岛上结集了许多建筑组群,并以南北中轴线的布置方式形成多进院的布局形式(图 4-32)。①

图 4-32　如意洲

（四）自然随意的布局手法

在一些中国古典园林中,如自然山水景观园林,园林营建者并不只有一人,也并不是在同一时间建造,因此没有统一的规划设计。这就形成了一种较为自然随意的布局形式,或以一泓清池,或以峻山秀峰而展开布景,根据特有的山势水形而形成画卷式的园林风景。园林采取画卷式的连续空间布局,可以将不同地段、不同空间的不同景物融合到一幅画卷中,游人可以在该画卷的引导下进行观赏,并随着景物的不断变化展示出园林多姿多彩的景观。例如,扬州西郊的瘦西湖属于典型的连续画卷式布局。由天宁寺前的御码头,沿曲折却有条理的水面,直到水云胜概景区,美如一幅淡墨山水画长卷,充满了清幽淡雅的韵味(图 4-33)。

---

① 　圆明园属于平地造园,四周没有自然高山可以利用,其园景最主要的表现手法是院落的组合,圆明园的院落组合形式十分灵活,打破陈规,大胆创新,创造出了许多种奇特的院落形式,如田字形、日字形、口字形、扇面形、亚字形等,以不同的平面形式组合出各种空间。

图 4-33 瘦西湖

（五）递进式布局手法

同一水平面上的连续与不同等高线上的连续了产生不同的组织序列,以不同的等高线连续组织在一起的园林布局称为层层递进式布局,也称为递升式布局手法,它要求园林的基址地势起伏,能造成水平上的等高线不同的差距。因此,它不适用于平坦的地段或水景园,仅限于山地园。

例如,北海濠濮涧以及苏州拥翠山庄属于此种类型。但两者又有区别,前者主要在山体侧面展开,建筑的朝向(顺应或侧背)根据山势而确定,建筑物之间还可以加入爬山廊进行衔接,从而形成一脉贯通的气势。

苏州拥翠山庄层层递进的空间布局大多出现在山林地带的设计中。为达到天然地形的美,依山顺势,采用精妙的设计方法,使园林内的建筑依山势层层高上,自然地形成参差错落的布局。山庄采用小园林中常见的两头实中间空的格局,建筑在随势的同时尽量对称而置。抱瓮轩、灵澜精舍以及送青簃处于同一轴线上,而中部问泉亭、月驾轩一段又作不对称布置,体现了山地建园灵活自由的布局特点。

综上所述,园林布局大都以自由灵活为指导原则,但在具体的建筑布置时往往会呈现出一定的构图方式,诸如前面提到的各种手法等。但要能体现"本于自然""高于自然"的造园思想。

第三节 风景园林设计中空间的处理

一、风景园林设计中空间的组织形式

（一）空间的特质设计

在风景园林设计中,通过运用不同的构思方法和处理手法,可以营造不同特质的景观空间。开敞空间、封闭空间和纵深空间是按空间的开闭情况进行定义的,而确定空间的形式和特质是空间设计的第一步。

1. 开敞空间设计

在开敞空间里,人的视线是不受阻挡的,是高于周边景物的。开敞空间可以说是外向的,它可以将视线无限延展,把人们的视线和注意力引导到外部空间。不受阻挡的视线可以无限延伸,于开阔中感悟景观空间的豁达性,从而心生明朗、宏伟之感。在空间开敞写照中,"登高壮观天地间,大江茫茫去不还"是一个最突出的例子。开敞空间最突出的景观环境就是辽阔的平原和苍茫的大海,但是,开敞空间也存在着近景感染力缺乏的问题(图4-34)。

图4-34 开敞空间设计

2. 封闭空间设计

在封闭空间里,人的视线被周围景物遮挡而受阻碍。封闭空间是内向型的空间,形成一种宁静的限定的空间范围,将人的视线集中在空间的内部。从区域范围来看,山沟、盆地、林中空地等均属封闭空间,而中国传统园林中的四合院更是内向型封闭空间的典型例子。景物布置的丰富性及所具有的近景感染力是封闭空间的一个特点。在封闭空间里面人们往往能感觉到空间的幽深,但是也会有闭塞的感觉(图4-35)。

图4-35　封闭空间设计

3. 纵深空间设计

纵深空间强调的是空间的长度,体现了景观空间的景深感。在景观环境中,多利用两边的密林、建筑、山丘等来遮挡人们的视线,在道路、河流或山谷等狭长的地域中适于营造纵深空间。纵深空间有着很好的视觉导向作用,会指引人们注意纵深空间的尽头,吸引人们的视线,通常在此焦点处布置风景,这种方式叫作聚景或夹景(图4-36)。

上述三种对比强烈的空间,能够给人三种完全不同的感受。在园林设计时要三种空间恰当配合,在空间上给人以变化无穷的感觉。

图 4-36　纵深空间设计

（二）空间的对比设计

1. 造型对比

在纵向空间与横向空间之间以及曲折空间与规整空间之间往往应进行形状的对比。通过空间形状的对比，可以强化空间的感染力（图 4-37）。

图 4-37　造型对比

2. 虚实对比

虚与实是在对比中产生的：山和水相比，山为实，水为虚；与实墙相比，漏窗是虚的；植物与建筑相比，植物是虚的，建筑是实的。园林景观设计利用虚实的手法，以虚衬实，以实破虚，实中有虚，虚中见实，从而达到丰富视觉感受、增强美感形式、加强审美效果的作用（图 4-38）。

图 4-38　虚与实的对比

二、风景园林设计中景观空间的序列

（一）景观空间的序列类型

景观空间的序列类型分类各种各样，它可以是简单的、复杂的、综合的，或者是连续的、间隔的、变换的，可以是发散的、聚集的，也可以是短距离的或是漫长的。序列的规划可以是自然随意的，也可以是精心布置的。通常我们将景观的序列大致分为三种展现程序：一般序列、循环序列以及专类序列。

1. 一般序列

景观空间的一般序列通常由起景逐步发展到高潮而结束，这称为景观空间的二段式展示程序；或经过起景，发展到高潮，再到结束，称之为三段式的展示程序。一般简单的空间序列可以用两段式的展示手法，如一些园林中的寺庙景观，由入口到神殿的整个过程被设计为从世俗世界到极乐世界的过渡，由入口简单的道路开始，向内逐步增强庙宇景观的庄重、祥和的气氛，最后到达作为高潮的神殿而结束。大多数较复杂的景观空间，具有三段式的空间展示程序，在此期间由入口平淡的景观到中间丰富的高潮，再经过转折、收缩最终结束整个序列。

2.循环序列

为了容纳更多游客的活动需求,多数综合性的景区或者园林采用多向入口和循环道路系统,用于多景区景点的划分,也被称作是分散式游览线路的布局方法形成的空间序列。自入口为起景,将主景区的主景物作为构图中心,循环布置景观和序列,以环状道路连接各个景点的景观空间,能够方便游人的游憩观赏,景观空间的循环序列成为现代众多公园常用的典范。

3.专类序列

专类序列是依据某些构成要素的专属特征并以某一主题为线索来进行的景观环境设计这些专类活动,包括植物园中对植物演化组织序列、动物园中从低等到高等的演化序列以及其他主题公园的特定序列等。这些空间的展示按照特定主题的要求布置序列,因此称为专类序列。

（二）景观序列的创作手法

景观序列的创作手法同景观园林的造景手法并不相同,二者一个是针对全园的统筹规划,一个是对三维空间范围内的搭配布局。两者既有联系又有区别,都要运用各种艺术手法,这些手法又离不开形式美法则的运用。

1.景观空间的主调、配调、基调、转调

多个景观空间以及各个景观构成要素的有机结合构成了景观的序列。一个优秀的景观序列要有统一的基础,在统一的基础上又要寻求变化。基调就起到了统一景观序列的作用,促进了景观空间的协调。如大面积成片的树林充当了一个景观空间背景或底色,为整个空间序列的基调做了铺垫。而景观空间序列中的主调可以是公园中作为主景和前景的一组建筑群,或是一片美丽的湖泊。配合这些主景的配景则称之为景观序列的配调。转调是景观序列中连接两个不同功能或风格的空间的过渡景物。

不同的空间序列区段进行相互过渡时,容易产生新的基调。主调和配调会带给观者渐变的观赏效果,体现了风景序列的风格变化。

2. 景观序列的开合起结

构成景观空间序列的元素,无论是起伏的地形、蜿蜒的水流或是错落有致的植物群落,都要遵循一定的美学韵律,做到开合有致、收放自如。以水体为例,开为水面扩大或形成分支,合为水之聚集汇合;起为水之来源,结为水之去脉。用水体的来龙去脉、开合起结来营造活跃的气氛,如北京颐和园的后湖、承德避暑山庄的分合水系。同样,形成序列的几个空间也要形成一定的开合对比,以形成有丰富体验效果的空间序列。

3. 景观序列的断续起伏

景观序列的断续起伏要运用地形及园路的变化来创造。这种景观序列的创造手法,使景物断续地出现在游人的视线之中,在起伏高下的景观道路中能取得引人入胜、渐入佳境的观赏效果。当人们步入地势较低的空间时,景的欣赏方式为仰视,视线被周围高处景物遮挡,远处主景被隐藏;当人们走出谷底登上高处时,既可以俯瞰低处景物又可以眺望远处风景,从而产生变化丰富、断续起伏的景观效果。

4. 季相与色彩布局

景观序列的季相美和色彩布局于为景观增添主题特征,季节的变换形成各异的景观。造成季节景色多变的最主要构成因素是景观植物,植物是园林景观的主体,同时也有着独特的生态规律,利用植物不同季节的色彩和造型变换,再结合恰当的建筑、道路、小品等要素,能够创造绚丽多彩的景观效果和序列空间(图4-39)。如拙政园中有四座亭子:绣绮亭、荷风四面亭、待霜亭、雪香云蔚亭,分别为春、夏、秋、冬四亭。绣绮亭四周种植牡丹,在春季牡丹花开。

图 4-39 冬天的颐和园

5. 景观序列的动态布局

景观空间中的建筑群或者景观空间建筑物的布置能够体现景观序列的动态布局。这些建筑物在园林景观中的面积往往不到百分之五,但经常作为景观空间中的构图中心,其作用为景观空间中画龙点睛的一笔。一个独立的建筑群要由入口、门厅、过道、次要建筑、主体建筑的序列布置构成。对于整个景观空间来说,从大门经过次要景区,最终到达主景区过程中,将不同功能的建筑或者景观构建物按一定的顺序排列在这个过程中,从而形成一个统一与层次共存的布局,又能体现出空间序列形式的变化多样,并且能够完美地将美学功能和实用功能结合起来。

三、风景园林设计中空间的处理手法

(一)主景与配景

主景是整个空间的重点和核心,通常在构图的中心,能够体现景观的功能和主题,吸引观者的视线,引发共鸣,产生情感,富有艺术感染力。主景按照其所处的空间位置不同,包括两方面的含义:一个是指整个景观空间的主景,如趵突泉是整个趵突泉公园的主景;一个是指景观中被构成要素分割的局部空间的主景,如趵突泉里的主景是观澜亭(图 4-40)。

图 4-40　趵突泉

主景突出主题,配景衬托主景,两者相互配合,相得益彰。可以通过以下几种方法来突出主景。

1.主景位置的高低法

主景要突出其在景观空间中的重点作用,使景观构图鲜明,可通过处理地形的高低,吸引人们的视线,通过人们俯瞰和仰视来感受主景的主体地位。中国园林景观中通常采用升高地形的方法来突出主景,主体建筑物常安置在高高的台基上,比如,天坛的祈年殿有着很高的基座,高大的主体吸引人们的视线。地形降低的方法多用于下沉广场,地形的凹陷会吸引人们的目光(图4-41)。

图 4-41　北京植物园中的下沉广场

2.动势向心法

水面、广场等一般都是设计成四面被环抱的空间形式,周围设置的景物充当配景,它们具有一个视觉动势的作用,吸引人们的视线集中在景观空间的中心处,通常主景就布置在这个焦点上。另外,为了避免构图的呆板,主景常布置在几何中心的一侧。如北京北海公园的景观环境,湖面是最容易集中视线的地方,形成了沿湖风景的向心动势,位于湖面南部的琼华岛便是整个景观的视觉焦点(图4-42)。动态的道路能够引导人们的走向,道路的尽头或者交汇处能够吸引人们的视线,把主景置于道路的交汇处,也就是置于周围景观的动势中心处,通过这种方法来突出主景。

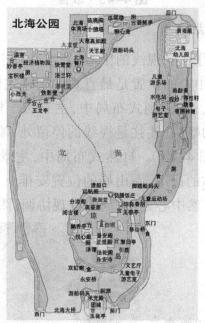

图 4-42　北海公园平面图

3. 轴线对称法

轴线是景观构成元素发展和延伸的方向,具有视觉引导性,能够暗示人们的游览顺序和视线指向。主景一般位于轴线的终点、相交点、放射轴线的焦点或风景透视线的焦点上,通过轴线来强调景观的中心和重点。例如,故宫的三大殿,位于紫禁城的中轴线上,两边都是对称的建筑形制,无疑是处于景观的视觉焦点上,这样的构图形式突出了中心的地位(图4-43)。

图4-43　故宫

4.构图中心法

构图的中心往往是视线的中心,把主景置于景观空间的聚合中心或者是相对中心的位置是最直观的突显主体的方法,使得全局规划稳定适中。在规则式布局中,主景位于构图的几何中心,例如,广场中心的喷泉,往往是视线的停留处,喷泉便成了整个景观空间的主景(图4-44)。自然式布局中,主景在构图的自然中心上,如中国园林的假山,在山峰的位置安排上,主峰不在构图的中心,而是位于自然中心处,与周围景观协调(图4-45)。

图4-44　喷泉

图 4-45 假山

主景是景观环境的强调对象,一般除了布局上突出主景外,还会在体量、形状、色彩、质地方面做设计以突出主景。在主景与配景的布置手法上采用对比的方式来突出主景,采用以小衬大、以低衬高的形式来突显主景。有时,也可采用相反的手法来处理主配景的关系,如低的在高处、小的在大处也能营造出很好的效果,如西湖孤山的"西湖天下景",就是低的在高处的主景。

(二)景的层次

景观根据距离远近分为近景、中景和远景,不同距离的景色增加了景观空间的层次。在一般情况下,中景是重点,近景和远景用来突出中景,丰富了景观空间,增加了景观的层次感,避免了景观的单调和乏味。

植物会影响到景的层次,要合理进行搭配。在颜色搭配上,通常以暗色系的常绿松柏等作为背景植物,搭配鸡血藤、海棠、木槿等色彩鲜亮的植物形成对比,再点缀以灌木植物从而形成有层次、有对比的完整景观(图 4-46)。在高度上,远处植以高大的乔木作为背景,近处种植低矮的灌木和草本植物,在高度上营造景观空间的层次感(图 4-47)。

图 4-46　植物的色彩层次

图 4-47　植物的高度层次

对于不同功能和形态的景观空间,可以不做背景的设计。如纪念性建筑或特定文化区域,在不影响其主要功能的前提下,设计较视平线低的灌木、花坛、水池等小品作为近景。整体的背景以简洁的自然环境为主,如蓝天白云,以便于突出建筑宏伟壮观的景观特点,如印度的泰姬陵(图 4-48)。

图 4-48　泰姬陵

（三）点景

对景观空间的各种构成要素进行题咏，以突出景观的主题和重点的设计手法叫作点景。根据景观环境的主题、环境特征和文化底蕴，对构成要素的性质、用途和特点进行高度概括，可做出有诗意和意境的园林题咏。点景随着园林设计的不同特点，其表现手法多种多样，如匾额、对联、石碑和石刻等。题咏的对象也多样化，如亭台楼阁、轩榭廊台、山水石木等。泰山的石刻和石碑（图4-49）、承德避暑山庄的匾额（图4-50）和扬州琼花观的对联均是点景。点景在形式上不仅丰富了区域的文化内涵，突出区域设计的归属感，还具有导向、宣传的作用。

图4-49　泰山的石刻和石碑

图4-50　承德避暑山庄的匾额

（四）其他设计手法

中国古典中有许多景观空间的设计手法，以下进行简单的介绍。

1. 借景

通过有意识的造景手法将景观区域以外的景物融入景观设计中，以此来营造丰富、优美的景观环境叫作借景。借景的多样性提升了园林景观的美感，通过借景手法将景观空间内的观赏内容无限扩展，将无限融入有限之中，扩大了景观的深度和广度。

例如，杭州西湖的"三潭印月"和"平湖秋月"等，以月色为衬托，打造了梦幻般的美景（图 4-51）。月色具有美感，"日出东方，日落西山""火烧云""雨后彩虹"等元素为景观环境赋予了另一种美的享受。另外，"红瓦绿树碧海蓝天"反映植物和建筑色彩的搭配，互补色带给景观空间强烈的美感体验。"春暖花香"，借助大自然中植物的香味为景观环境增彩，增加人们游园的兴致，可谓既赏心悦目又心旷神怡。苏州拙政园中"远香堂""荷凤四面亭"就是借花香组景的佳例。

图 4-51　三潭印月

2. 对景

以位于景观绿地轴线和风景线透视端点的景为对景。在景观观赏点提供游客休息区与观赏区，如亭台楼阁、轩榭斋廊等，使游客体会对景的精彩。正对与互对是对景的两种方式,北京景山上的万春亭是天安门—故宫—景山轴线的端点,成为主景,位于景观轴线的端点处,是正对景观的展现(图4-52)。在景观轴线的两端或附近设计观赏点为互对,如颐和园佛香阁和龙王庙岛上的涵虚堂则是互对景观很好的体现(图4-53)。

图 4-52　万春亭

图 4-53　颐和园

3. 分景

在我国的园林设计中多以曲径通幽、错落有致、虚实相交、欲露还藏的方式来表现园林景观的含蓄美。营造景中景、园中园、湖中湖、岛上岛的园林景观,以体现园林的意境美。在营造手法上采用分割的方式,使园林景观层层相扣、园园相连,体现了空间层次的多样性、丰富性,这体现了景观设计的分景处理手法。

4. 夹景

景观环境中,通常会有一些区域的景色较为匮乏,不具有观赏的美感,如大面积的树丛、树列、山丘和建筑物等,把这部分区域加以屏障,形成两边较封闭的狭长空间叫作夹景(图 4-54)。这种处理方式突出了对景,起到了遮丑的作用以及景深的效果。

图 4-54　夹景

5. 漏景

漏景是由框景延伸而发展来的景观设计手法,它的特点是将此区域的景色表现得若隐若现、似有似无、委婉而含蓄,给人们视觉以新鲜感。所表现的形式有镂空式花墙、窗户、隔断和漏屏风等。所漏的景物优美,色彩多以亮丽、鲜艳为主,具有观赏性(图 4-55)。

图 4-55　漏景

6. 框景

框景就是将景色置于框架之内,将优美的景色通过墙面镂空的窗户、门框、树框、山洞和建筑之间错落所形成的空间展现出来,犹如装裱在一个框架内。例如,在苏州园林、扬州瘦西湖的吹风台采用了此种处理手法(图4-56)。优美的景色通过框景成为视觉焦点,在人们观赏之时,由框景内的景色引发人们对于景观空间的好奇感和求知感,增加了游览的兴趣。

图4-56 吹风台

框景的营造需要讲究构图,做好景深的处理。框景作为前景,优美的景色作为欣赏的主景,位于框景之后,体现了景观空间的层次感,增强了景观环境的艺术表现力。框景利用景观中的自然美,利用绘画的艺术手法创造出一幅生意盎然的自然画作。

7. 添景

添景是在较为空旷的区域,点缀小品设计以增加景观空间的过渡性,使整体的视觉空间不至于太空旷、单调,与周围的景观形成层次感,营造景深的效果,增加视觉美感。如在园林入口摆放象征此区域的文化石或雕刻,建造与整体景观相匹配的纪念性建筑物等;湖边种植垂柳增加湖水平面的高度与垂柳高度的视觉对比,使整个画面层次分明、错落有致、清爽宜人(图4-57)。

图 4-57　添景

第四节　风景园林设计中技术的运用

一、模型制作技术的运用

（一）模型制作的意义

模型的设计和制作是平面设计到三维立体转换的过程，包括景观形态、比例、色彩、材料、空间结构等要素的变换，设计构思在模型制作过程中不断完善。因此，它是风景园林设计推敲和表现的一种重要技术手段和形式。它以实际的制作代替用笔描绘，通过以景观组成要素单体的增减、群体的组合以及拼接为手段探讨设计方案，相当于完成景观设计的立体图。

（二）模型制作的类型

按景观模型的用途，模型可分为构思模型（草模型）和展示模型（正式模型）；按制作材料来分，模型一般可分为纸质模型、木制模型、有机玻璃模型、吹塑模型和发泡塑料模型等。

（三）模型制作步骤与程序

1. 准备计划

在制作前,设计师要明确模型制作的目的和要求。在充分体会方案设计理念、明确表现目标的基础上,再拟定一份详细的模型制作计划,其内容主要包括以下几个方面。

（1）模型的类型。概念模型、设计模型或实体模型,根据需要进行确定。

（2）模型的任务问题。该模型需要表达的内容;研究和推敲的内容;确定设计思想表现的重点;明白建筑主体与其他环境因素之间的关系,并想好怎样去表现。

（3）模型参考文献问题。对所引用的参考文献要明确;要考虑模型的平、立、剖视图能否依此实施。

（4）模型比例问题。确定模型适合的比例,并选择好所需要的片段。

（5）材质、工具、机械、个人的能力和经验问题。材质的运用要符合设计精神;将所需的材质在可支配的时间里购置齐全;是否能够以可支配的工具和机械在这样的空间中制作? 能否使用正确的工具、机械和有正确的知识、经验来执行工作并进行试验?

（6）模型制作的时间问题。模型制作的进程明细是否完全? 是否合理?

（7）包装和运送问题。模型的包装要设计好;什么是最大的尺寸? 模型必须被拆解吗?

2. 模型的设计阶段

传统的设计方法一般以平面图、效果图、剖视图来表现,模型设计的基本程序要求根据图纸的程序方案进行,可归纳为两个阶段。

（1）要画出草图,草图要有三维变化角度的视觉效果。

（2）根据方案草图画出制作模型的基本尺寸比例图。

3.模型的制作阶段与制作方法

（1）模型的制作阶段

模型是一步一步地完成的,其制作可分为以下几个阶段。

①底座的结构。

②地形、地势的建立。

③绿地、交通与水体。

④建筑物的制作。

⑤环境的补入与绿化种植。

⑥设计说明。

⑦保护套、包装。

（2）模型的制作方法

①加法成型

这种方法主要是通过增加材料,扩充造型体量来进行立体造型的一种手法,其特点是由内向外逐步添加造型体量。将造型形体先制成分散的几何体,通过堆砌、比较确定相互位置,达到合适体量关系后采用拼合方式组成新的造型实体。加法成型通常采用木材、黏土、油泥、石膏、硬质泡沫塑料来制作,多用于制作外形较复杂的产品模型。

②减法成型

减法成型与加法成型相反,减法成型是采用切割、切削等方式,在基本几何形体上进行体量的剔除,去掉与造型设计意图不相吻合的多余体积,以获得构思所需的正确形体。其特点是由外向里,这种成型法通常是用较易成型的黏土、油泥、石膏、硬质泡沫塑料等为基础材料,多以手工方式切割、雕塑、锉、刨、刮削成型,适用于制作简单的产品模型。

③混合成型

混合成型属于综合成型方法,是前两种方法的相互结合和补充,一般宜采用木材、塑料型材、金属合金材料制作,多用于制作结构复杂的产品模型。

（四）模型基础底板与标识

模型的制作是从底盘开始的,制作好底盘,再制作其边框及底盘上的文字与标识。

1. 模型底盘制作

底盘是模型的一部分,底盘的大小、材质、风格直接影响模型的最终效果;平面底盘的组成有结构底板（需表示道路）、硬质铺地（表示人行道、广场）和绿地（表示草地及水面）三部分;一般蓝纸板或在其他材料上喷蓝漆,有时可压一层透明有机玻璃;结构底板先钉好木板,上蒙三合板或五合板。

作为报审展示的模型底盘,尽量选用一些材质好,且有一定强度的材料来制作;一般选用的材料是多层板或有机玻璃板;底盘制作完毕后需要制作底盘的边框作为装饰,一般选用珠光灰有机玻璃、木边外包或 ABS 板制作边框。

2. 文字与标识

模型的又一重要组成部分是标题、指北针、比例尺等。一方面有示意功能,另一方面也有装饰功能。

以下为几种较为常见的制作方法。

（1）有机玻璃制作法

用激光雕刻机在有机玻璃上将标题、指北针及比例尺制作出来,然后将其贴于盘面上,这是一种传统的方法。

（2）即时贴制作法

采用即时贴制作法来制作标题、指北针及比例尺。先将内容用计算机刻字机加工出来,然后用转印纸将内容转贴到底盘上。

（3）腐蚀板及雕刻制作法

腐蚀板制作法是以 1mm 厚的铜板作为基底,用雕刻机将内容烤在铜板上,然后用三氯化铁来腐蚀,腐蚀后进行抛光,并在文字上涂漆即可制得漂亮的文字标牌。

雕刻制作法是以单面金属板为基底，用雕刻机割除所要制作的内容的金属层，即可制成。

总之，无论采用何种方法来表现，都要求文字内容简单明了，字的大小选择要适度，切忌喧宾夺主。

二、计算机技术的运用实例

计算机表现是最近十几年来最炙手可热的表现形式。计算机表现加快了手绘这一进程，但这并非说明计算机表现已经完全取代手绘表现，常常是两者相辅相成。

计算机表现主要是依据相应的软件制作，在风景园林设计中主要应用到设计的有 AutoCAD、3dMax、Photoshop、SketchUp、Piranesi、Lumion、GIS 等软件，应用于文本制作的软件主要有 PowerPoint、Indesign、Illustrate、CorelDraw 等。这些软件都在不断更新中，其界面越来越友好，操作越来越简单，上手越来越容易。以下仅对 AutoCAD 绘图表现进行实例讲解。

项目概况：

本项目为一小区中心广场的设计，该地块南北宽 37.6m，东西长 44m，如图 4-58 所示。

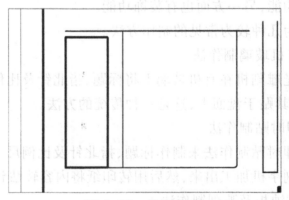

图 4-58　项目概况

甲方要求，做成中心广场的形式，中间为可以进行集体活动的场地,场地周围要布置停车场。

规划设计:

根据甲方要求,进行规划设计,先划分地块,规划出停车位以及广场的位置,如图4-59所示。

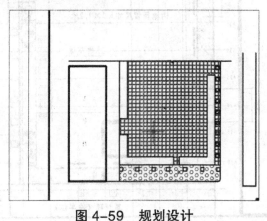

图4-59　规划设计

绘图:

按照科学方法进行图形的绘制,绘出各种园林要素,并在现场找一个相对固定的点作为坐标的相对(0,0)点,以这个点画出5m×5m的相对方格网,在施工时先找到这个坐标点,然后根据坐标网格进行放线,如图4-60所示。

如图4-61所示,对话框中的"对象类型"下拉列表框中选择"块参照"选项,在"特性"列表框中选择"名称"选项,在"值"下拉列表框中选择每个植物图例块的名称,在命令行中就会出现"选择了××个对象",即可计算出每个树种的数量。然后创建表格,或者直接画出表格,分别列出"图例""名称""规格""数量""备注",形成表4-1所示的表格。

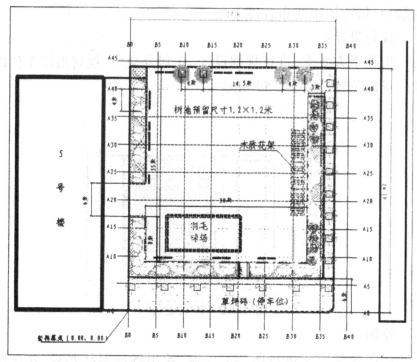

图 4-60　绘图

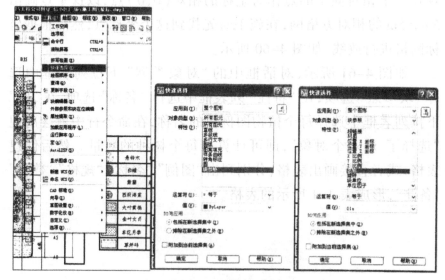

图 4-61　快速选择

表 4-1　统计苗木表

图例	名称	规格	数量	备注
	悬铃木	胸径 10 ~ 12cm	31 株	
	白蜡	胸径 6 ~ 8cm	4 株	
	紫藤	冠径 80 ~ 100cm	7 株	
	西府海棠	地径 4 ~ 5cm	8 株	
	大叶黄杨	30cm × 40cm	3550 株	25 株 /m²
	金叶女贞	30cm × 40cm	2620 株	25 株 /m²
	丰花月季	二年生	456 株	16 株 /m²
	草坪砖		221m²	

施工图：

种植图完成后，还要绘制管线图、铺装图纸等，如图 4-62 ~ 图 4-66 所示。

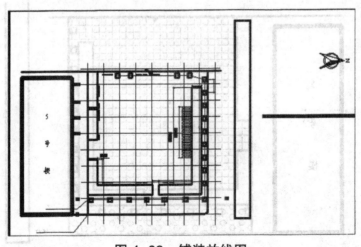

图 4-62　铺装放线图

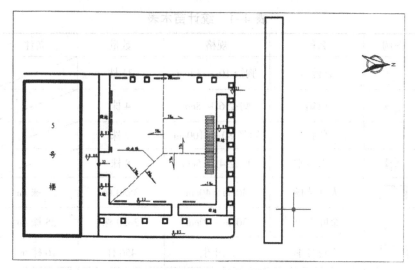

图 4-63　竖向图

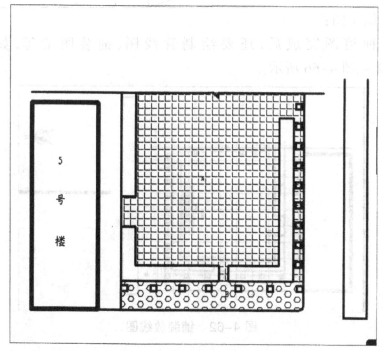

图 4-64　铺装平面分布图

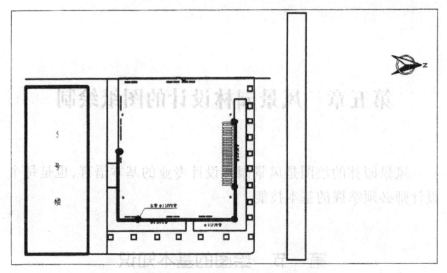

图 4-65 灯位、管线布置图

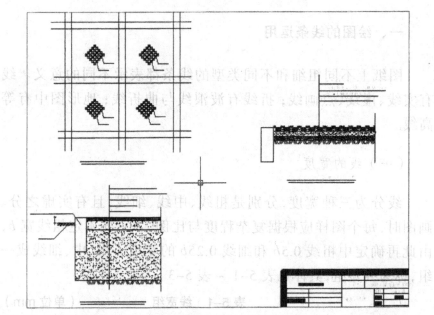

图 4-66 做法详图

至此,一套完整的施工图纸就完成了。各位读者在学习的过程中要注意各个命令的综合运用,做到举一反三。只有熟练地掌握各个命令及编辑方法,才能很好地应用 AutoCAD 软件辅助园林设计。

第五章　风景园林设计的图纸绘制

风景园林的绘图是风景园林设计专业的基本语言,也是每个设计师必须掌握的基本技能。

第一节　绘图的基本知识

一、绘图的线条运用

图纸上不同粗细和不同类型的线条都表示不同的意义。线有实线、虚线、点画线;折线有波浪线与曲折线;地形图中有等高线。

（一）线的宽度

线分为三种宽度,分别是粗线、中线、细线,且有实虚之分。画图时,每个图样应根据复杂程度与比例大小,先确定粗线宽 b,由此再确定中粗线 $0.5b$ 和细线 $0.25b$ 的宽度。粗、中、细线成一组,称为线宽组,具体见表 5-1 ~ 表 5-3。

表 5-1　线宽组　　　　　　（单位 mm）

线宽比	线宽组					
b	2.0	1.4	1.0	0.7	0.5	0.35
$0.5b$	1.0	0.7	0.5	0.35	0.25	0.18
$0.25b$	0.5	0.35	0.25	0.18	—	—

注:要缩微的图纸不宜采用 0.18mm 线宽。

在同一张图纸内,各不同线宽组中的细线,可统一采用较细线宽组的细线。

表5-2　粗实线用途

种类	线型	线宽	一般用途
粗实线	——	b	（1）平面图、剖视图中被剖切的主要建筑构造（包括构配件）的轮廓线 （2）建筑立面图或室内立面图的外轮廓线 （3）建筑构造详图中被剖切的主要部分的轮廓线 （4）建筑构配件详图中的外轮廓线 （5）平面图、立面图、剖视图的剖切符号

表5-3　粗线与细线用途

种类	线型	线宽	一般用途
中实线	——	$0.5b$	（1）平面图、剖视图中被剖切的次要建筑构造（包括构配件）的轮廓线 （2）建筑平面图、立面图、剖视图中建筑构配件的轮廓线 （3）建筑构造详图及建筑构配件详图中的一般轮廓线
细实线	——	$0.25b$	小于$0.5b$的图形线、尺寸线、尺寸界线、图例线、索引符号、标高符号、详图材料做法引出线等
中虚线	- - - -	$0.5b$	（1）建筑构造详图及建筑构配件不可见的轮廓线 （2）平面图中的起重机（吊车）轮廓线 （3）拟扩建的建筑轮廓线
细虚线	- - - - - -	$0.25b$	图例线、小于$0.5b$的不可见轮廓线
粗单点长画线	—·—·—	b	起重机（吊车）轨道线
细单点长画线	—·—·—	$0.25b$	中心线、对称线、定位轴线
折断线	——/\——	$0.25b$	不需画全的断开界线
波浪线	～～～	$0.25b$	不需画全的断开界线,构造层次的断开界线

（二）线的描绘顺序

（1）铅笔画稿线应轻而细。

（2）先画细线、后画粗线，因为铅笔线容易被尺面磨落而弄脏图面，粗的墨线不易干燥，易被尺面涂开。

（3）在各种线型相接时应先画圆线和曲线，再接直线。因为用直线去接圆或曲线容易使线条交接光滑。

（4）画时先上后下，先左后右，这样不易弄脏图面。

（5）画完线条再注尺寸与说明，最后写标题画边框。

徒手画水平线应自左至右，画垂直线应自上而下，注意画垂直线的方向与用仪器画恰恰相反。

画垂直长线和水平长线时，小指指尖靠在图纸上轻轻滑动，手腕关节不宜转动。在画水平线和垂直线时，宜以纸边为基线，画线时视点距图略放远些，以放宽视面，并随时以基线来校准。若画等距平行线，应先目测出每格的间距。

凡对称图形都应先画对称轴线，如画左图山墙立面时，先画中轴线，再画山墙矩形，然后在中轴线上点出山墙尖高度，画出坡度线，最后加深各线。

（三）线条等级

线条等级是由线条的宽窄和深浅决定的（图 5-1）。线条越宽、颜色越深，其等级越高，等级高的线条为重线，等级低的线条为轻线。

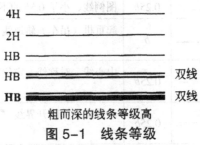

粗而深的线条等级高

图 5-1　线条等级

1. 重线

（1）重线的影响因素

重线深而粗，影响的因素如下。

铅笔：与硬铅芯相比，软铅芯绘制的线条更深更粗。

马克笔：宽头马克笔可以增加线条宽度。

（2）重线用途

①表达厚重物体。诸如篱垣、房屋墙体等厚重、固定的物体，使用重线表示可以使其有厚重感，深而粗的线条有分量感。

②区分区域与物体。加重区域与物体的轮廓线，不仅能使它们从环境中得以区分，还能增加线条与白色图纸的对比关系。

③突出物体。物体距观察者越近，看到的内容越细，对比越强。通过加重树冠，使得它们看起来高出地面。

2. 轻线

（1）轻线的影响因素

轻线细而浅，影响轻线的因素如下。

①铅笔。与软铅芯相比，硬铅芯绘制的线条更细更淡。

②马克笔。窄头马克笔可以减小线条的宽度。

（2）轻线用途

①细部描绘。通过物体的细部描绘，可以丰富、完善其轮廓线，细部可以增强树例内部枝叶的质感。细部描绘并不会削弱轮廓线的界定作用。

②突出物体。当树冠鲜明的树例和场地质地画得比其外围部分轻时，看起来它们好像是在一个突出的树冠下面，这样可以使整个画面具有空间感。线条轻、对比度弱会产生树冠高于下层植物的感觉。空间感越强，观视效果越好。

二、绘图的比例要求

园林设计不能把设计的物体的实际大小表现在图纸上，须按一定比例放大或缩小。比例的大小是指比值的大小。

在设计中根据实际情况确定比例尺,能清楚表达设计的内容即可,园林中常用的比例见表5-4。

表5-4　园林设计图常用比例

设计图种类	比例
总体规划图、总体布局图、区域位置图	1：2000，1：5000，1：10000，1：25000
总平面图、竖向布置图、管线综合图、排水图、道路平面图、绿化平面图	1：500，1：1000，1：2000
建筑物或构筑物的平面图、立面图、剖视图	1：50，1：100，1：150，1：200，1：300
建筑物或构筑物的局部放大图	1：10，1：20，1：25，1：30，1：50
配件及构造详图	1：1，1：2，1：5，1：10，1：15，1：20，1：25，1：30，1：50
道路纵断面图	垂直1：100，1：200，1：500 水平1：1000，1：2000，1：5000
道路横断面图	1：50，1：100，1：200

三、绘图字体的运用

图纸上的汉字应采用国家公布的简化汉字,并宜用仿宋字体,大标题字也可用正楷或美术字等字体;汉语拼音字母和英文字母一般采用等线字体;数目字用阿拉伯数字。

（一）汉字字体的运用

（1）图纸中的汉字,宜采用长仿宋体,大标题可写成黑体、宋体及其他美术字,并应采用国家正式公布的简化汉字(图5-2)。

园林绘图 园林绘图 园林绘图
（1）黑体　　（2）仿宋体　　（3）宋体

图5-2　汉字字体类型

（2）汉字的规格。汉字的规格指汉字的大小,即字高。汉字的字高用字号表示,如高为 5mm 的字就为 5 号字。常用的字号有 3 号、5 号、7 号、10 号、14 号、20 号等。规定汉字的字高应不小于 3.5mm。

（二）长仿宋字体的运用

长仿宋字应写成直体字,其字高和字宽的比例一般为 3 : 2 左右,字的间距一般为字高的 1/8 ~ 1/4,行距不少于字高的 1/3,以字高的 1/2 为宜。

为了书写排列整齐,应在格子或两条平行线内书写,以控制字距和行距,行距应大于字距(图 5-3、图 5-4)。

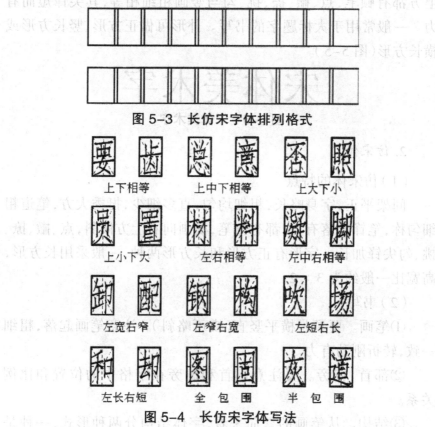

图 5-3　长仿宋字体排列格式

图 5-4　长仿宋字体写法

字形构图要注意字形整齐(笔端顶格、横竖离格、瘦长字缩格、个别字出格），端正平稳（横平竖直、上下对齐、左右平衡、笔画相称、重心稳定），匀称自然（笔画密度均匀、各部间距适当、各部轻重相称）。

书写长仿宋字时，应先打好字格，做到字体满格、干净利落、顿挫有力，不应歪曲、重叠和脱节。并特别注意起笔、落笔和转折等关键。

（三）美术字体的运用

1. 宋体美术字

老宋体的特点：字形方正、横细直粗；横画及横竖连接的右上方都有顿笔，点、撇、捺、挑、勾与竖画粗细相等，其尖锋短而有力。一般常用于大标题字的书写。外形可做正方形、竖长方形或横长方形（图 5-5）。

宋体美术字

图 5-5　宋体美术字

2. 仿宋体

（1）仿宋体的特点

间架平正，字身略长，粗细均匀，直多细少，挺秀大方，笔道粗细匀称，笔锋起落有力，都有顿笔，横画向右上方倾斜，点、撇、撩、挑、勾尖锋加长。字形有正方形和长方形两种，一般采用长方形，高宽比一般约为 3 ：2。

（2）书写

①笔画。要领是横平竖直（横可略斜）。注意笔画起落，粗细一致，转折刚劲有力。

②部首、偏旁。要注意部首和偏旁在字格中的位置和比例关系。

③结构。从笔画的繁简来看，字体结构分两种形式，一种是没有部首及偏旁的独体字；另一种是有偏旁，部首与其他部分配

合的合体字。

④高宽足格。主要笔画都顶格。一个汉字,四周伸出的笔画很多,长短不一,又不能将所有的笔画顶满格子。因此必须找出一个字的宽度、高度中的主要笔画顶格(图 5-6)。

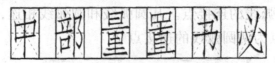

图 5-6　长仿宋字主要笔画顶格

⑤缩格书写。一般全包围结构的字体,四周都应适当地缩格书写。凡贴边的长笔画也应适当地缩格(图 5-7)。

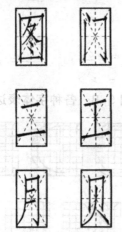

图 5-7　贴边的长笔画缩格

a.四周缩格。如口、曰、国、图、门等字。

b.上下缩格。如四、二、工。

c.左右缩格。如贝、目、月。

（3）合体字的结构

合体字由几个部分组成,要注意各部分所占的比例,凡笔画较长或较多的,所占的位置则应较大,反之则应较小。笔画相差不多的,则所占的位置也应大致相等,各部分之间的笔画有时也应有所穿插。

（4）书写步骤

①用铅笔先打好格子,在格子里用铅笔描出字的骨架。

②用铅笔描出字形。

③用直线笔画出直线,用毛笔或钢笔描画出曲线和点撇。然后用橡皮擦去铅笔线(图 5-8)。这是用直线和圆弧线绘出的字母(图 5-9)。凡直线和圆弧线相连,直线是圆弧线的切线,切点为直线和圆弧线的连接点。凡圆弧线和圆弧线相连,该两圆弧线要相切,切点为两圆弧线的连接点。

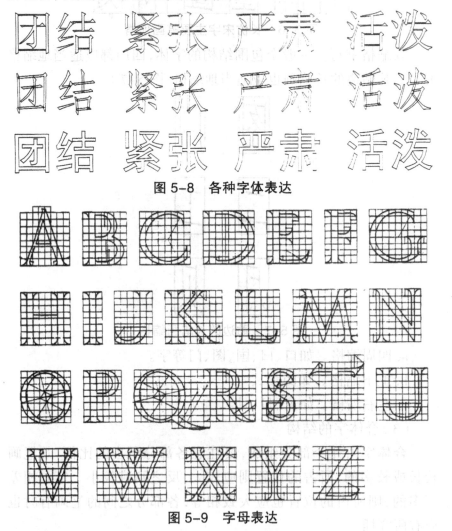

图 5-8 各种字体表达

图 5-9 字母表达

四、图纸幅面规格大小

（一）图幅与图框

图幅是指图纸本身的大小规格。园林制图中采用国际通用的 A 系列幅面规格的图纸。A0 幅面的图纸称为 0 号图纸（A0），A1 幅面的图纸称为 1 号图纸（A1），以后以此类推。在图纸中需要根据图幅大小确定图框，图框是指在图纸上绘图范围的界线。图纸幅面规格及图框尺寸如图 5-10 所示。

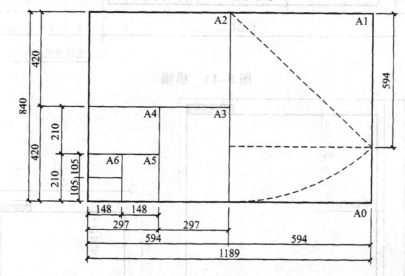

	A0	A1	A2	A3	A4	A5
B × L	841 × 1189	594 × 841	420 × 594	297 × 420	210 × 297	148 × 210
a	25					
c	10			5		

图 5-10　图纸幅面规格及图框尺寸

（1）以短边作为垂直边的图纸称为横幅，以短边作为水平边的图纸称为竖幅。一般 A0 ~ A3 图纸宜为横幅（图 5-11），但有时由于图纸布局的需要也可以采用竖幅（图 5-12）。

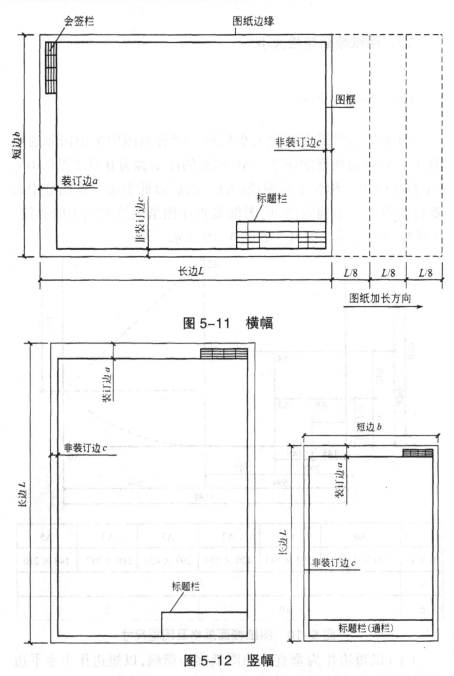

图 5-11　横幅

图 5-12　竖幅

（2）只有横幅图纸可以加长,而且只能长边加长,短边不可以加长,按照国家标准规定,每次加长的长度是标准图纸边长度的 1/8。

（3）一个工程设计中，每个专业所使用的图纸，一般不宜多于两种幅面，不含目录及表格所采用的 A4 幅面。

（二）标题栏和会签栏

标题栏又称图标，用来简单说明图纸内容。标题栏位于图纸的右下角，尺寸为 180mm×30 mm \ 40 mm \ 50mm，通常将图纸的右下角外翻，使标题栏显现出来，便于查找图纸。标题栏主要介绍图纸相关的信息，如设计单位、工程项目、设计人员以及图名、图号、比例等内容。标题栏根据工程需要确定其尺寸、格式及分区，制图标准中给出了两种形式（图 5-13）。本书中根据教学的需要设立课程作业专用标题栏形式（图 5-14），仅供参考。

图 5-13　标题栏

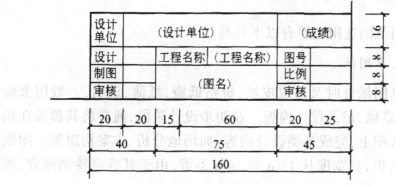

图 5-14　专用标题栏形式

会签栏位于图纸的左上角,会签栏尺寸为 75mm × 20mm,包括项目主要负责人的专业、签名、日期等,具体形式如图 5-15 所示。

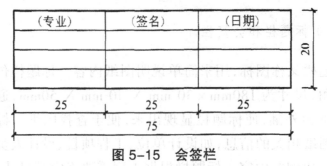

图 5-15　会签栏

第二节　绘图工具与画法

一、绘图工具

(一)图板

图板是最基本的工具,其作用是用来固定图纸。图板由木料制成,规格有零号(1200mm × 900mm)、一号(900mm × 600mm)、二号(600mm × 450mm)。

(二)图纸

图纸的选用主要有以下几类。

1.草图纸

草图纸有时又称葱皮纸,价格低廉,纸薄、透明,一般用来临摹、打草稿、记录设计构想。在初步设计阶段,通常将其覆盖在场地现状图上,完成各类设计内容,如场地分析、方案构思等。图纸成卷出售,其宽度从 12in 到 36in 不等,由于其价格特别便宜,所以应大量储备。

2. 硫酸纸

硫酸纸一般为浅蓝色,透明光滑,纸质薄且脆,不易保存,但由于硫酸纸绘制的图可以通过晒图机晒成蓝图进行保存,所以硫酸纸广泛应用于设计的各个阶段,尤其是需要备份图纸份数较多的施工图阶段。

3. 制图纸

纸质厚重,不透明,一整张为标准 A0 大小(1189mm × 841mm),制图时根据需要进行裁剪。此外,还有牛皮纸和绘图膜等制图用纸。

(三) 绘图用笔

1. 铅笔

绘图铅笔中常用的是木质铅笔,末端无橡皮,价格便宜且使用方便(图 5-16)。根据铅芯的软硬程度分为 B 型和 H 型,"B"表示软铅芯,标号为 B,2B , … ,6B,最软的为 6B, 数字越大表示铅芯越软。"H"表示硬铅, 标号为 H,2H , … ,6H,数字越大表示铅芯越硬,最硬的为 9H。"HB" 软硬程度介于两者之间,制图阶段常用 2H ~ 2B 铅笔。

图 5-16　木质铅笔

绘图时,根据用途不同,选择不同型号的铅笔,以下是制图常用铅笔的小建议。

底稿：H ~ 3H；加深：HB ~ B；草图：HB ~ 6B。纸质较粗硬时，可用较硬铅笔。纸质较松软时，可用较软铅笔。天气晴朗干燥时，可用较硬铅笔。天气阴雨潮湿时，可用较软铅笔。

除了木质铅笔还有自动铅笔，自动铅笔有不同粗细的铅芯（0.5~0.9mm），不需要磨削。铅芯较细，如果用劲过大，容易折断，特别是小于 0.5mm 的铅芯。

对于初学者来说，使用铅笔的最大优点就是画错的地方易于修改。其缺点是如果所画线条太轻，复印效果会很差。为了确保复印质量，初学者可以通过复印测试，来确定线条深度。

2. 直线笔

直线笔又称为鸭嘴笔或者墨线笔，笔头由两扇金属叶片构成（图 5-17）。绘图时，在两扇叶片之间注入墨水，注意每次加墨量不超过 6mm。通过笔头上的螺母来调节叶片的间距，从而改变墨线的粗度。执笔画线时，螺母应该向外，小指应该放在尺身上，笔杆向画线方向倾斜 30° 左右。

图 5-17　直线笔

3. 针管笔

针管笔又称为自来水直线笔或绘图墨水笔，通过金属套管和其内部金属针的粗度调节出墨量的多少，从而控制线条的宽度（图 5-18），是专门为绘制墨线线条而设计的绘图工具。因携带和使用方便，深受人们喜爱。在绘图中根据需要选择不同型号的针管笔。

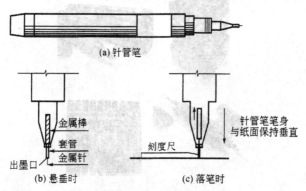

图 5-18 针管笔

针管笔由于构造不同,添加墨水的方式有两种:一种可以像普通钢笔那样吸墨水;另一种带有一个可以拆卸的小管,可以向里面滴墨水。不管哪种方式,针管笔都不需要频繁地加墨,并且对于线宽的调控更为方便,所以现在针管笔已经逐步取代了鸭嘴笔。

规格有 0.2mm、0.3mm、0.4mm、0.5mm、0.6mm、0.7mm、0.8mm、0.9mm、1.0mm、1.2mm 等,当前制图满足 0.2mm、0.3mm、0.6mm、0.9mm 即可。

针管笔必须使用碳素墨水或专业的制图墨水,用后一定要清洗干净。

利用鸭嘴笔或者针管笔描图线的过程称为上墨线,在绘制的过程中应该按照一定次序进行:先曲后直,先上后下,先左后右,先实后虚,先细后粗,先图后框。

4.马克笔

马克笔有油性和水性两种,色彩分得极其细致,普通的是120色的。油性马克笔快干、耐水,而且耐光性相当好。水性马克笔则颜色亮丽,青透明感。油性笔一般用于玻璃、赛璐珞等的上色,在原稿纸上上色我们一般用的是水性笔。马克笔是展现笔触的画材。不只是颜色,还有笔头的形状、平涂的形状、面积大小,都可以展现不同的表现方法(图 5-19)。

图 5-19　马克笔

5. 绘图小钢笔

绘图小钢笔由笔杆和钢质笔尖组成,绘图小钢笔适合用来写字或徒手画图。其可以蘸不同浓度的墨水画出深浅不同的线条,用后应将笔尖的墨迹擦净。

（四）尺规类

1. 圆规

圆规用于绘制大圆。它有两个规脚,其中一个末端有尖,用于确定圆心位置;另一个末端有铅芯。当圆规以圆心为中心旋转时,铅芯就可绘制出圆(图 5-20)。

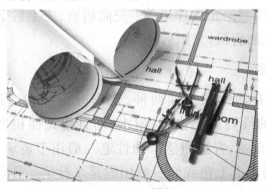

图 5-20　圆规

规脚分度可以通过上端的调节螺钉来调整。通过调节规脚分度,使之与圆的半径相等,便可绘制出指定大小的圆。必须保持规脚分度不变,才能绘制出准确的圆。

套杆是圆规的附件,将其安装在规脚上即可绘制出更大的圆。

绘制圆周的时候,铅芯底端要与钢针的台肩平齐,一般应伸出芯套6～8mm(图5-21a)。当需要绘制墨线圆的时候,需要将圆规安装铅芯的那一只脚卸下,安装上与针管笔连接的构件(图5-21b)。绘制圆周或者圆弧的时候,应该按照顺时针的方向转动,并稍向画线的方向倾斜(图5-21c)。除了一般的圆规之外,当绘制小半径的圆周时,可以采用专门的小圆圆规。

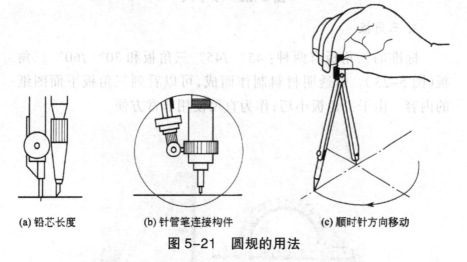

(a) 铅芯长度　　　　(b) 针管笔连接构件　　　　(c) 顺时针方向移动

图 5-21　圆规的用法

2. 分规

分规主要用来量取长度和等分线段或弧线,可以利用圆规代替,分规常用于机械制图中,在园林制图中用得比较少,在这里不进行详细介绍。

3. 丁字尺

丁字尺由尺头和尺身构成,有固定式和可调式两种。使用时尺头紧靠图板的工作边,上下移动尺身到合适位置,沿着丁字尺的工作边(有刻度的一边)从左到右绘制水平线条。

不要使用工作边进行纸张裁剪,防止裁纸刀损坏工作边;另外,使用完毕后,最好将丁字尺悬挂起来,防止尺身变形(图 5-22)。

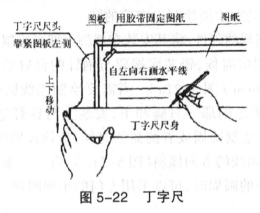

图 5-22　丁字尺

4.三角板

标准的三角板有两种:45°/45°三角板和 30°/60°三角板(图 5-23)。由透明材料制作而成,可以看到三角板下面图纸的内容。由于三角板小巧,作为直尺使用非常方便。

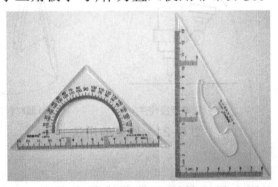

图 5-23　三角板

三角板与丁字尺配合使用可以绘制垂线(图 5-24)。先确定丁字尺的位置,然后将三角板的一条直角边紧靠丁字尺,沿另一条直角边作垂线。三角板还可以用来绘制具有特定角度的斜线,如 30°、45°和 60°。另外还有一种可调式三角板,可以设置不同的角度。

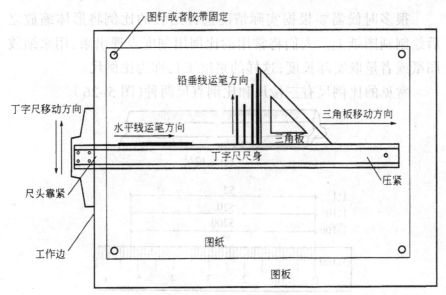

图 5-24　绘制垂线

5. 量角器

量角器用于测量角度和绘制角（图 5-25 ）。缩放图纸比例时，使用量角器尤为重要。通过角度复制，可确保图纸的准确缩放。

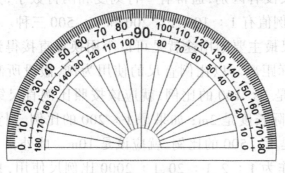

图 5-25　量角器

6. 比例尺

比例尺是按一定比例缩小线段长度的尺子，比例尺上的单位是米（m）。比例尺上有六种刻度，可以有六种比例应用，还可以以一定比例来换算，较常用的刻度有 1：100、1：200、1：300、1：400、1：500 和 1：600。

很多时候需要根据实际情况选择适宜的比例将形体缩放之后绘制到图纸上。人们将常用的比例用刻度表现出来，用来缩放图纸或者量取实际长度，这样的量度工具称为比例尺。

常见的比例尺有三棱尺和比例直尺两种（图5-26）。

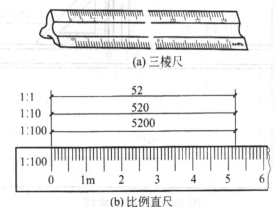

(a) 三棱尺

(b) 比例直尺

图5-26　三棱尺与比例直尺

三棱尺呈三棱柱状，通常有六种刻度，分别对应1：100、1：200、1：300、1：400、1：500和1：600。比例直尺外观与一般的直尺没有区别，通常有一行刻度和两行数字，分别对应三种比例，比例值有1：100、1：200和1：500三种。

比例尺最主要的用途就是可以不用换算直接得到图上某段长度的实际距离。以比例直尺的使用为例，假设所测量长度为2cm，如果是1：100的比例，就应该按照比例直尺第一行读数读取，即实际长度是2m；如果是1：200的比例，则实际长度为4m；如果是1：500的比例，就应该是10m。此外，1：200的刻度还可以作为1：2、1：20、1：2000比例尺使用，只需要将得到的数字按照比例缩放即可，图上距离仍然为2cm，以上比例对应的实际距离分别为0.02m、0.2m、20m，其他比例的使用方法与此相同。

7. 曲尺

曲尺是有弹性的塑料棒，能被弯曲，用于绘制曲线（图5-27），通常长度为12～18in。有的曲尺一侧标有刻度，可用来测量曲线的长度。曲尺通常用来绘制流畅的曲线或连接各点。曲线板是由硬透明塑料制作而成的,上面有各种曲线的弧形(图5-28)。

图 5-27 曲线尺　　　　　图 5-28 曲线板

8.平行滑尺

平行滑尺是带有转轮的直尺,将它紧贴在图纸上连续拖动,即可绘制出平行线(图5-29)。

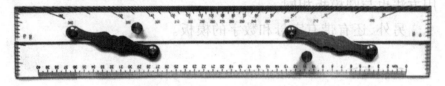

图 5-29 平行滑尺

(五)模板类

1.圆模板

在风景园林设计图纸中有很多圆形,如广场、种植池、树木的平面图例等,如果都借助圆规来绘制,工作量大而且烦琐,这时可以借助圆模板(图5-30)。使用时,根据需要按照圆模板上的标注找到合适直径的圆,利用标识符号对准圆心,沿镂空的内沿绘制圆周即可。

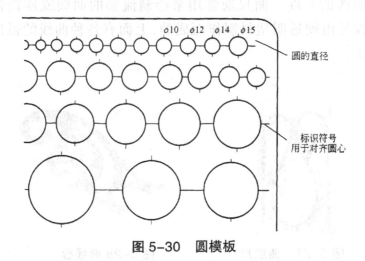

ø10 ø12 ø14 ø15

圆的直径

标识符号
用于对齐圆心

图 5-30　圆模板

2. 椭圆模板

除了圆模板之外,还有用于绘制不同尺度椭圆的椭圆模板。椭圆模板形式与圆板相似,只不过镂空的图形是一系列椭圆,使用方法也与圆模板相同。

另外,还有带有字母和数字的模板。

二、画法

（一）钢笔淡彩表现法

钢笔淡彩,主要是用针管笔线条加上马克笔或彩铅上色的表现形式,在风景园林表现图中应用广泛。主要涉及的表现形式多以一点透视、两点透视来表现,既有人视高度的透视图,也有鸟瞰图。

1. 一点透视

（1）一点透视的特点

平视的景观空间中,方形景物的一组面与透视画面构成平行关系时的透视称为一点透视。一点透视画法简易,表现范围广,纵深感强,适合表现严肃庄重的景物空间;缺点是画面表现较呆板,距离视心较远的物体易产生变形。

（2）一点透视网格法

对于一张设计平面图（图5-31）,在采用网格画法时,首先要在平面图上绘制相应网格（图5-32,在平面图上画上等距方格并标顺序号）,这个网格与透视图中的网格应一一对应,可以编上相应编号。由构图开始,用铅笔确定绘图空间范围,在绘图四周最边缘做记号,依据平行透视的绘图原理,定出视平线与消失点作为绘图辅助（图5-33,利用直尺绘制一点透视网格,选择合适的图纸范围）,画出几个主要线条,并确定线条的消失方向,以便找到空间透视感觉（图5-34）:在园林建筑表面主要结构或铺装转折部分的线条位置上做记号,以方便接下来具体形态的绘制,同时确定出景观的大体位置。

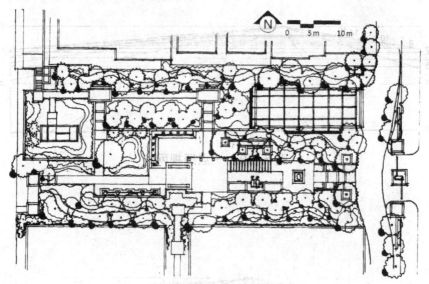

图5-31　平面图

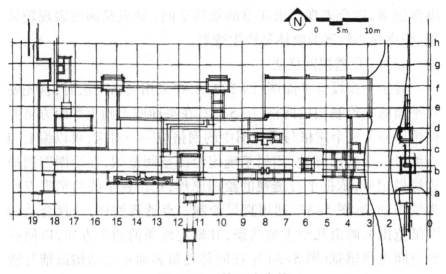

图 5-32　等距离方格

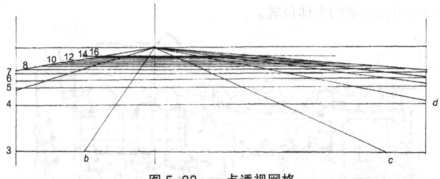

图 5-33　一点透视网格

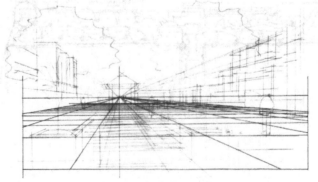

图 5-34　铅笔起稿

进一步绘制画面中主要景物的轮廓。

　　用钢笔或针管笔绘制出场景画面中物体的具体形态,并擦掉铅笔辅助线。

　　在建筑形体基本完成后,就可以开始进行局部的细致刻画,进一步绘制建筑周围的配景,做一些装饰性的线条,以提高画面场景的表现气氛(图 5-35)。

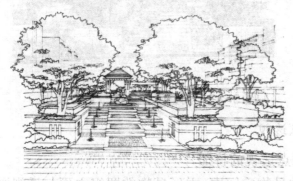

图 5-35　黑白线稿完成

(3)一点透视——马克笔上色

　　①确定整体画面色彩基调,从远景入手。色彩由浅入深,增加整体色彩的沉稳性。

　　②画大面积树的颜色,并重点刻画,注意颜色的透明性,提高整体画面的层次感(图 5-36)。

图 5-36　画重点色

　　③整理细部,追求质感的表现。彩色铅笔及高光笔的配合使用丰富了画面的层次。大块面的地方宜始终保持简略,多强调细节部分的刻画,把握好主观的处理思路,保持画面的整体平衡

（图 5-37）。

图 5-37 调整整体效果，重点突出

2. 两点透视

（1）两点透视的特征

平视的景物空间中，方形景物的两组立面与透视画面构成成角关系时，所形成的透视状态称为两点透视，又称成角透视。两点透视图面效果较活泼自由，所反映的空间较接近人的真实感受。缺点是画法较为复杂，角度如果选择不好，则画面容易产生变形。

（2）两点透视空间的绘制

首先用铅笔辅助构图，确定绘图空间范围，并画出视平线与消失点，两点透视的消失点为视乎线上左右两个点。和平行透视一样，在画面上确定体物景物的位置及线条的消失方向（图5-38）。

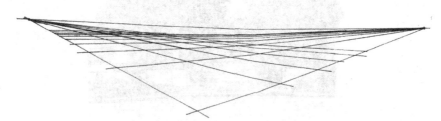

图 5-38 绘制两点透视网格

用钢笔或针管笔绘制场景物体轮廓及主要结构转折，擦去铅笔辅助线（图5-39）。

图 5-39 起稿

进一步绘制画面中主要景物的轮廓,细致刻画。整体调整画面,完善场景内容(图 5-40)。

图 5-40 两点透视完稿

(3)两点透视——马克笔

①画线稿时注意主次线条的运用。把握画面全局,注重线条在整个图面上的比例分配。

②确定整体画面色彩基调,从远景入手(图 5-41),色彩由浅入深,增加整体色彩的沉稳性。

③画大面积树的颜色,并重点刻画,注意颜色的透明性,提高整体画面的层次感。

④大面积描绘树叶的色彩,注意色彩的变化和笔触的整理,突出重点;将其他配景和细节进一步强调,调整最终的整体效果(图 5-42)。

图 5-41 由浅入深，由远及近

图 5-42 大面积描绘色彩

3. 鸟瞰图绘制

（1）鸟瞰图的特点

根据透视原理，用高视点透视法从高处某一点俯视地面起伏绘制成的立体图。它就像从高处鸟瞰制图区，比平面图更有真实感。①

（2）用透视网格法做局部鸟瞰图

①根据所绘透视的范围和复杂程度决定平面图上的网格大小，并给纵横两组网格线编上编号。为了方便作图，还可以给透视网格编上相应的编号（图 5-43）。

———————————

① 视线与水平线有一俯角，图上各要素一般都根据透视投影规则来描绘，其特点为近大远小，近明远暗。如直角坐标网，东西向横线的平行间隔逐渐缩小，南北向的纵线交会于地平线上一点（灭点），网格中的水系、地貌、地物也按上述规则变化。鸟瞰图可运用各种立体表示手段，表达地理景观等内容，可根据需要选择最理想的俯视角度和适宜比例绘制。

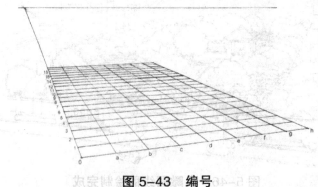

图 5-43　编号

②利用坐标编号决定平面中道路、广场、水面、花坛等的形状和数目的位置和范围,绘出景物的透视平面(图 5-44)。

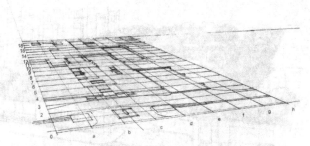

图 5-44　绘制底面

③利用真高线确定各设计要素的透视高度,借助网格透视线分别做出设计要素的透视(图 5-45)。然后擦去被挡住的部分,完成鸟瞰图(图 5-46)。

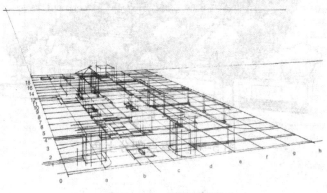

图 5-45　绘制高度

图 5-46　鸟瞰图线稿绘制完成

（3）鸟瞰图——马克笔上色

鸟瞰图与透视上色略有差别，主要是画面中可能没有天空，线稿中的树干比透视要短得多。步骤如图 5-47 ~ 图 5-49 所示。

图 5-47　大面积上色

图 5-48　重点部分上色

图 5-49　最后总体调整色彩

（二）水彩渲染技法

目前,绘制手绘效果图采用水彩渲染较多。水彩渲染广泛应用于建筑及园林表现图。其原因在于水彩具有颗粒细腻、透明性好、色彩淡雅、色调明快的特点,能够表现变换丰富的画面场景,具有很强的表现力。比起钢笔淡彩,更适用于大幅面的表面图。绘制前需要裱纸,纸张选用水彩纸即可。

1. 裱纸的方法和步骤

渲染图应采用质地较韧、纸面纹理较细且吸水性好的水彩纸,也可选用一些进口的特种纸张。热压制成的光滑细面的纸张不易着色,纸面又容易破损,因而不宜用作渲染。由于渲染需要在纸面上大面积涂水,纸张遇湿膨胀,会使纸面凹凸不平,所以渲染图纸必须先裱糊在图板上方,能绘制。

图 5-50 所示为裱纸的方法和步骤。①

---

① （a）沿纸面四周折边2cm,折向是图纸正面向上,注意勿使折线过重造成纸面破裂;（b）使用干净排笔或大号毛笔蘸清水将图面折纸内均匀涂抹,注意勿使纸面起毛受损;（c）用湿毛巾平敷图面保持湿润,同时在折边四周薄而又匀地抹上一层糨糊;（d）按图示序列双手同时固定和拉撑图纸,要注意用力不可过猛,注意图纸与图板的相对位置。

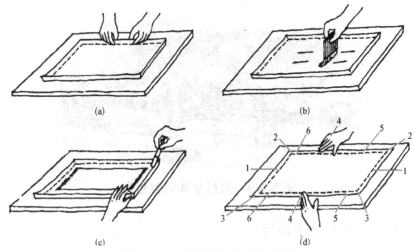

(a)

(b)

(c)

(d)

图 5-50　裱纸的方法和步骤

2. 绘图渲染的步骤

（1）清洗画面。用浅土黄水洗图。

（2）渲染底色。不同材料不同部分用不同底色,底色应有微弱退晕,底色作为高光色。

（3）渲染天空。可用叠加法,可用清水开始,从明到暗,从地面到天空。接近地面部分用红、黄等带有暖色的颜色,接近天顶时加紫色或群青。

（4）渲染建筑及周围环境。将建筑群与主体拉开距离。渲染主体建筑,渲染阴影。

（5）调整建筑与天空的明暗关系。

（6）刻画建筑细部。

（7）渲染配景、树丛和地面、水面等。远处树丛可以先画,可再渲染一遍天空,使远景与天空融合。

（8）调整天空和建筑后,画汽车、街道设施、人物、近处树木、草丛。

3. 水彩渲染图的着色类型

水彩画颜料的使用方法很多,它不仅仅有平涂一种方法,还有浓淡变化的渲染,重叠加色,多色混合,湿接、洗除、沉淀等不同的用法(图 5-51)。

图 5-51

(1)色彩的平涂(水彩)。饱和色的平涂,表现受光均匀的平面(图 5-52)。

(2)色彩的退晕。使颜色产生由浅至深或由深至浅的自然润和的效果,使色彩有浓淡的变化。表现受光强度不均匀的面或曲面,如天空、地面、水体、建筑立面的光影变化等都有此效果。

①单色退晕:加水稀释或加颜料加浓(图 5-53)。

②复色退晕:两种颜色调和,如黄色(+红)—橘黄(+红)—红(图 5-54)。

③分格复色退晕:干画法(图 5-55)。

图 5-52 色彩平涂　　图 5-53 单色退晕

图 5-54 复色退晕

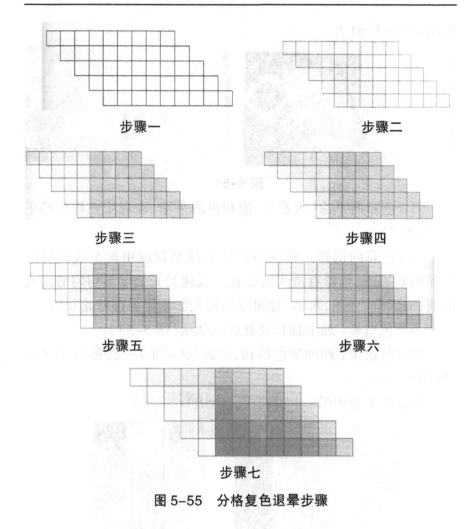

图 5-55　分格复色退晕步骤

（三）彩色铅笔表现法

1. 彩色铅笔的使用要领

使用彩色铅笔时的用笔压力及重叠用笔,均能够影响色彩的明度与纯度。若轻压用笔就会产生浅淡的色彩,若重压用笔则色彩相对浓烈。另外,用彩色铅笔绘画时,它的笔触及排线有着自身的方法和特点。一般来说,彩色铅笔的用线应该是肯定的、排列整齐的,因为彩色铅笔不仅是用来画线的,它的主要任务应当是表现块面和各种层次的灰色调,因此需要用排线的重叠来实现层次的丰富变化。在进行排线重叠时,除了可以像钢笔排线笔触的组织方法外,还可以像素描一样交叉重叠,但重复次数不宜过多,因为重叠过多会使色彩失去明快感。

需要注意的是,一幅画作中,彩色铅笔的色彩不能用得过多,不能景物中有什么色就全部都画出来,一定要保持色调的统一明快,一般使用两三种主要色彩来表现便足够了。要把彩色铅笔当作为了表达物品的灰色面而使用的工具,而不可当作物品的固有色满涂,较亮的部分可以不涂,使其保持物品的光感和体积感,有亮光的物体要注意留白。

2. 基本技法

(1)彩色铅笔的颜色有限,但是其具有可覆盖性,可以运用色彩原理来叠加颜色,如:蓝 + 黄 = 绿。因此在控制色调时,可用单色(冷色调一般用蓝颜色,暖色调一般用黄颜色)先笼统的罩一遍,然后逐层上色后细致刻画。

(2)由于彩色铅笔含蜡,如果画的遍数过多,会不容易上色,此时可用小刀轻轻地刮去过厚的色层。在绘制图时,还可根据实际情况,改变彩铅的力度,以便使它的色彩明度和纯度发生变化,带出一些渐变的效果,形成多层次的表现效果。

(3)上色时,可以用纸放在不同材质的底板上画出不同的肌理效果。选用纸张也会影响画面风格,在较粗糙的纸上用彩铅会有一种粗犷豪爽的感觉,而用细滑的纸会产生一种细腻柔和之美。如:要表现平滑均匀,把纸放在玻璃上着色是一种极好的选择;在木片上着色便有木纹的肌理效果。

(4)彩铅的笔芯较软、易断,所以不宜用自动卷笔刀。最好用普通削刀将铅笔芯削尖或用砂纸磨尖。

以下对二点透视的彩色铅笔效果图进行讲解,如图5-56～图5-59所示。

图 5-56　先画远景，再由浅入深

图 5-57　再画大面积色调

图 5-58　画重点色

图 5-59　最终调整完成

第三节　各类图样的绘制

一、平面图的绘制

（一）平面图的特征

平面图是一种正射投影图。它不仅可以显示出物体之间的水平距离，还可以显示出物体本身的形状。园林设计图主要是以平面图为主。平面图制作是将现有或未来在基地上各种不同元素的详细位置及大小标于图画上，诸如道路、植物、建筑、地形、水体、标注等。

平面图反映的是设计地段总的设计内容，所以它包含的内容应该是最全面的，包括建筑、道路、广场、植物种植、景观设施、地形、水体等各种构景要素的表现，除此之外，通常在总平面图中还配有一小段文字说明和相关的设计指标。

（二）平面图绘制要点

1. 内容全面

利用文字表格或者专业图例说明设计思想、设计内容、园林设计等。

2.布局合理

在绘制平面图之前,需要根据出图的要求确定适宜的图幅,然后再确定适宜的绘图比例(表5-5)。

表5-5　园林设计图比例的选用

纸名称	常用比例	可用比例
平面图	1：500，1：1000，1：2000	1：2500，1：5000
平、立、剖面图	1：50，1：100，1：200	1：150，1：300
详图	1：1，1：2，1：5， 1：10，1：20，1：50	1：25，1：30， 1：40

(三)景观建筑平面图

1.景观建筑平面图形成及作用

景观建筑平面图是指平行于水平面,在窗台或者柱基以上某一个位置将整个建筑物剖开,移去剖切平面上方的部分,将剩余部分向水平投影面投影,就是所求的景观建筑物平剖图,称为建筑平面图,简称为平面(图5-60)。

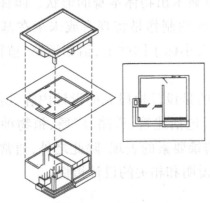

图5-60　平面图的形成

2.景观建筑平面图的基本内容

景观建筑平面图要表现出建筑物内部空间的划分、房间名称、出入口的位置、墙体的位置、主要承重构件的位置、其他附属构件的位置，以及配合适当的尺寸标注和位置说明。如果是非单层的建筑，应该提供建筑物各层平面图，并且在底层平面图中通过指北针标明房屋的朝向。

3. 景观建筑平面图的具体要求

（1）图名、比例尺及指北针

在图纸的下方标注清楚图纸的名称——图名，如景观建筑平面图、底层平面图、二层平面图等。建筑物平面图的比例根据实际情况确定，一般采用 1∶100 或者 1∶200 等，必要时可用比例 1∶150，1∶300 等。对于单层景观建筑或者多层景观建筑的底层平面图，还应该标注指北针，以标明建筑物的朝向。

（2）定位轴线及其编号

定位轴线用于确定建筑物的承重构件的位置，对于施工放线非常重要。定位轴线用细单点长画线绘制，其编号注写在轴线端部用细实线绘制的圆内，圆的直径为 8mm，圆心在定位轴线的延长线上。定位轴线上的编号一般标注在建筑平剖图的下方和左侧，横向编号用阿拉伯数字，从左至右编写；竖向编号用大写英文字母，由下至上标注。[1]

对于结构比较复杂的建筑还需要在定位轴线之间添加附加轴线，附加轴线的编号要用分数表示，其中分母表示前一轴线的编号，分子表示附加轴线的编号。

（3）标注索引符号

绘制其他构件，如门窗、平台、台阶、台明、座凳等，如果需要给出补充图纸的话，应该在对应位置采用索引符号进行标注。在制图标准中规定：索引符号的圆、水平直径线及引出线等都应该用细实线绘制，圆的直径为 10mm，索引符号的引出线应该指在要索引的位置上；当引出的是剖切详图的话，应该标注出剖切位置和剖视方向。详图同样要加注图号，图号要与对应索引符号中的

---

① 提示：英文字母中的 I、O、Z 不得用作轴线编号，以免与数字 1、0、2 混淆。

标号相同,详图符号用粗实线绘制直径为 4mm 的圆,当详图与被索引的图纸不在同一图纸上的时候,还要标注出被索引的图纸的图号。

(4)必要的尺寸,地面、平台、顶面等的标高

景观建筑尺寸标注一般分三道:最外一道是总尺寸——表明建筑物的总长和总宽;中间一道是轴线间的尺寸,一般表示景观建筑物的开间和进深,如柱子之间的尺寸;最里一道是细部尺寸,如门窗、窗台、立柱等的尺寸及其相对位置关系。3 道尺寸线之间应留有适当的距离(一般为 7 ~ 10mm,但第三道尺寸应离图形最外轮廓线 10 ~ 15mm),以便标注尺寸(图 5-61)。

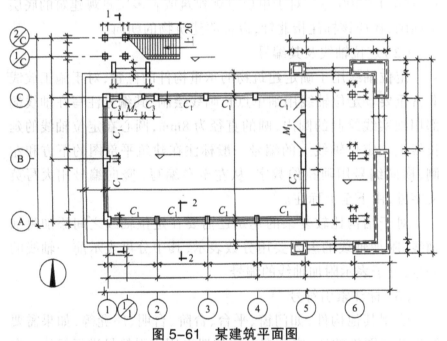

图 5-61　某建筑平面图

在景观建筑平面图上,不仅要标注出不同部分的长度和宽度方向的尺寸,而且还要标注出楼地面等的相对标高,从而更清楚地说明楼地面对标高零点的相对高度。如用室内地坪作为基准标高,标注为"±0.000",室外相对于室内的标高为 -0.450m,也就是说,室外地坪相对于室内地坪低 0.45m(图 5-62)。

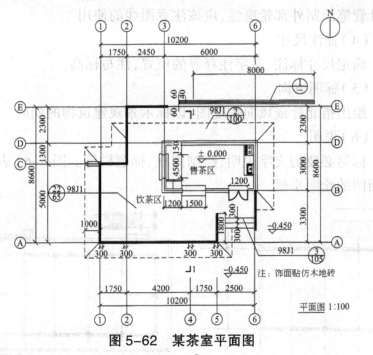

图 5-62 某茶室平面图

此外,还要注意图线的要求。①

4.景观建筑平面图绘制步骤

(1)确定绘图比例和图幅

根据景观建筑物的复杂程度和表现的内容选定比例。选定绘图比例之后,根据景观建筑物或者构筑物大小选用适宜的图幅。

(2)打底稿

①绘制墙体、柱子等主要承重构件的中心线,即定位轴线,在此基础上绘制出墙体和柱子的轮廓线。

②绘出门窗、台阶、平台、楼梯等附属构件的位置。

(3)绘制外部轮廓线

对全图检查无误后,擦去多余的作图线,加上墨线,整理,利

---

① 粗实线——凡是被水平剖切平面剖切到的墙、柱的断面轮廓。中实线——被剖切到的次要部分的轮廓线和没有被剖切到的可见构件轮廓线,如墙身、窗台等。细实线——尺寸标注线、引出线以及某些构件的轮廓线,如门窗线、建筑物散水、台阶等。

用针管笔绘制外部轮廓线,应该注意图线的使用。

（4）标注尺寸

确定尺寸标注、文字注释等的位置,注写标高。

（5）标明方向

绘出指北针或风向玫瑰图,以标示景观建筑物的朝向。

（6）说明

标写必要的文字说明,绘制图框、标题栏等。图5-63表明了平面图的绘图步骤。

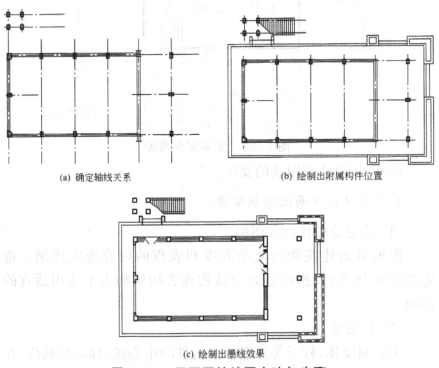

(a) 确定轴线关系 (b) 绘制出附属构件位置

(c) 绘制出墨线效果

图 5-63 平面图的绘图方法与步骤

（四）小型绿地平面绘制

小型绿地平面绘制步骤如下。

（1）阅读总平面图,裱纸。

（2）起铅笔稿,上墨线。注意各种线型的表达方式,画面上各要素之间的关系要清晰、表示明确,并绘制建筑墙体平面颜色,如图 5-64 所示。

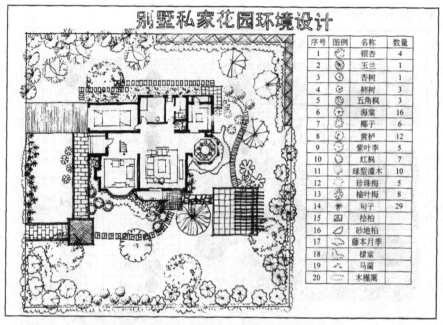

序号	图例	名称	数量
1		银杏	4
2		玉兰	1
3		杏树	1
4		柿树	3
5		五角枫	3
6		海棠	16
7		椰子	6
8		黄栌	12
9		紫叶李	5
10		红枫	7
11		球型灌木	10
12		珍珠梅	5
13		榆叶梅	8
14		旬子	29
15		桧柏	
16		砂地柏	
17		藤本月季	
18		棣棠	
19		马蔺	
20		木槿篱	

图 5-64　墨线稿及绘制墙体颜色

（3）色彩绘制道路及广场等，如图 5-65 所示。

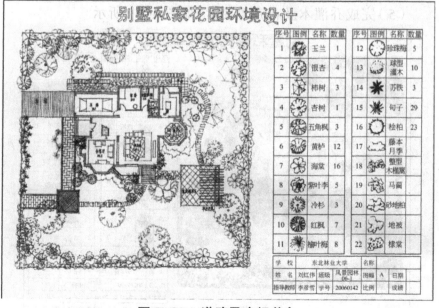

序号	图例	名称	数量	序号	图例	名称	数量
1		玉兰	1	12		珍珠梅	5
2		银杏	4	13		球型灌木	10
3		柿树	3	14		苏铁	3
4		杏树	1	15		旬子	29
5		五角枫	3	16		桧柏	23
6		黄栌	12	17		藤本月季	
7		海棠	16	18		整型木槿篱	
8		紫叶季	5	19		马蔺	
9		冷杉	3	20		砂地柏	
10		红枫		21		地被	
11		榆叶梅	8	22		棣棠	

学　校	东北林业大学		名称	
姓　名	刘红伟	班级	风景园林06-1	图幅	A	日期	
指导教师	李彦雪	学号	20060142	比例		成绩	

图 5-65　道路及广场着色

（4）用色彩绘制各要素，如草地、植物等，应分别详细表达出来，如图5-66所示。

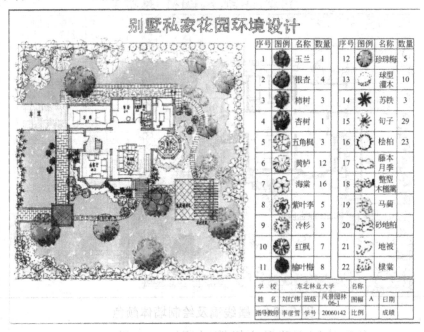

图5-66 绘制草坪及部分树木颜色

（5）完成乔灌木及花卉等要素，如图5-67所示。

图5-67 部分乔灌木绘制完成效果

（6）完成各部分投影并核对。影子是一幅图的点睛之处，一定要灵活绘制，效果如图 5-68 所示。

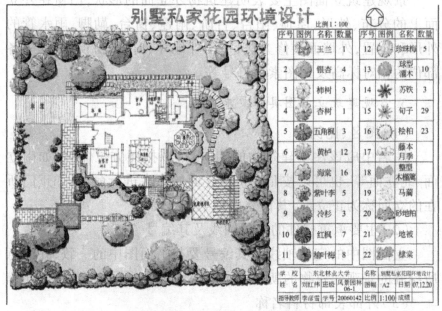

图 5-68 投影加完后的效果

二、立面图的绘制

（一）立面图

立面图是通过三面投影法在正面和侧面投影所得的视图。

（二）景观建筑立面图

1.景观建筑立面图的作用

景观建筑物或者构筑物的立面图是建筑物或者构筑物在某一立面平行面上所做的正投影，主要表现建筑物或者构筑物的形体外观、外部装饰材料等。

2.景观建筑立面图的基本内容

景观建筑立面图主要表明建筑物外立面的形状,门窗在外立面上的分布、外形,屋顶、阳台、台阶、雨篷、窗台、勒脚、雨水管的外形和位置,外墙面装修方法,室内外地坪、窗台、窗顶、檐口等各部位的相对标高及详图索引符号等。

3.景观建筑立面图具体要求

(1)图名、比例

图名中应该注明建筑物的朝向,可以按照方位命名,如南立面、北立面等,也可以按照建筑物立面的主次进行命名,如正门所在的立面称为正立面,其他立面称为侧立面。

(2)主要承重构件的定位轴线及其编号

立面图中的定位轴线及其编号要与平面图中的一致,并注意所绘制的景观建筑物的朝向。

(3)外部装饰材料名称

利用图例或者文字标示建筑物外墙或者其他构件所采用的材料。

(4)标高尺寸

在立面图上,高度尺寸主要采用标高标注,一般要注出室内外地坪、窗洞口的上下口、屋面、进口平台面及雨篷底面等的标高。

(5)图线

为增加图面层次,画图要采用不同的线型。立面图的外形轮廓用粗实线;室外地坪线用 1.4 倍的加粗实线(线宽为粗实线的1.4 倍左右);门窗洞口、檐口、阳台、雨篷、台阶等用中实线表示;其余的如墙面分隔线、门窗格子、雨水管以及引出线等均用细实线(图 5-69)。

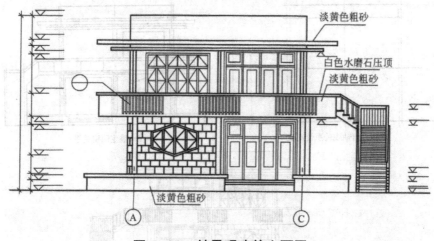

淡黄色粗砂

白色水磨石压顶

淡黄色粗砂

淡黄色粗砂

Ⓐ　　Ⓒ

图 5-69　某景观建筑立面图

（三）景观立面图绘制的步骤

景观立面图绘制的步骤如下。

（1）选定比例和图幅

立面图一般取与平面图相同的比例和图幅。

（2）打底稿

绘出基线（地面），定出外墙轮廓线。其中，外墙轮廓线根据平面图的外部第一道尺寸绘出，并根据平面图尺寸绘出两端轴线。

根据平面图示位置和宽度绘出门窗位置和大小。

绘出外墙装饰。

（3）上墨线

同样要注意图线的运用。

（4）注写标高和标注尺寸

立面图可不标注尺寸，只注写完成面的相对标高。标高一般注在图形的左外侧（图 5-70）。

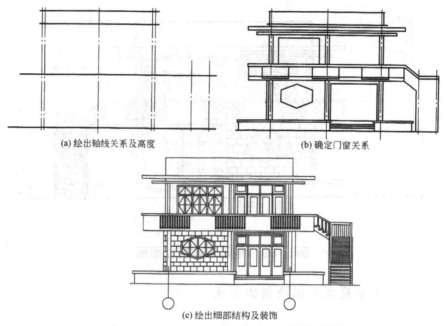

(a) 绘出轴线关系及高度　(b) 确定门窗关系

(c) 绘出细部结构及装饰

图 5-70　景观立面图的绘图方法与步骤

三、剖面图的绘制

（一）剖面图的作用

剖面图就是假想用一个剖切平面将几何形体剖开，移去观察者与剖切平面之间的部分，将剩余可见的部分向投影面投影，所得到的投影图。

剖面图和立面图比平面图更接近现实，因而也就更加易于理解。与平面图只能显示从上方看到的景象不同的是，剖面图显示的是在物体的剖切侧面所看到的景象，如同物体就在我们面前。

（二）景观建筑剖面图

1. 景观建筑剖面的作用

景观建筑剖面图一般特指竖直剖视图，假想用一个铅垂剖切平面把房屋剖开后所画出的剖面图,称为建筑剖面图,简称剖面图(图5-71)。剖切的位置常取门、窗、洞口及构造比较复杂的典型部位,以表示房屋内部垂直方向上的内外墙、各楼层和休息平台、屋面等的构造和相对位置关系。至于剖面图的数量,则根据房屋的复杂程度和施工的实际需要而定。

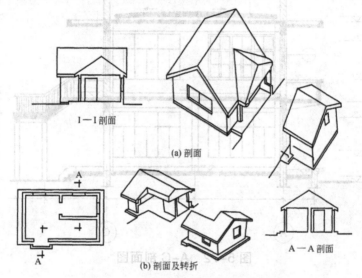

图 5-71　景观建筑剖面图的概念

2. 景观建筑剖面图的内容及要求

(1)图名和比例。图名与平面图中的剖切编号一致,在图名并列位置注写剖面图的比例。

(2)定位轴线。在剖面图中,应注出被剖切到的各承重构件的定位轴线,并标注编号,编号一定要与平面图一致。

(3)剖切断面和没有被剖切到,但可见部分的轮廓线。需要绘制与剖切平面相交的墙体或者其他构件的断面轮廓,除此之外,不要忘记没有被剖切到但可见部分的轮廓线也要绘制出来。

(4)标注尺寸和标高。在剖面图中,应注出垂直方向上的分段尺寸和标高。垂直分段尺寸一般分三道:最外一道是总高尺寸,表示室外地坪到楼顶部的总高度;中间一道是层高尺寸,主要表示各层次的高度;最里一道是门窗洞、窗间墙及勒脚等的高度尺寸(图 5-72)。

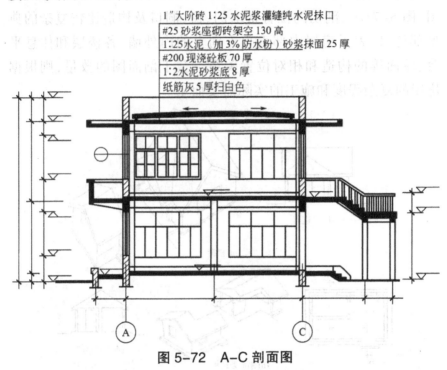

图 5-72　A-C 剖面图

（三）绘制景观建筑剖面图的步骤

景观建筑剖面图的绘制可参考立面图，作图步骤如下。

（1）选定比例和图幅

剖面图的作图比例，一般取与立面图相同。

（2）打底稿

绘出地平线，然后在其上作剖切部分的墙体和屋面稿线，定出墙厚和屋面厚，并作出未剖切到的墙、屋顶等的投影线。

绘出门窗位置和大小，根据立面图示位置和宽度绘出。

（3）上墨线

加深图线。剖切到的部分应该用粗线，其余部分的图线与立面图的线条相同（图 5-73）。

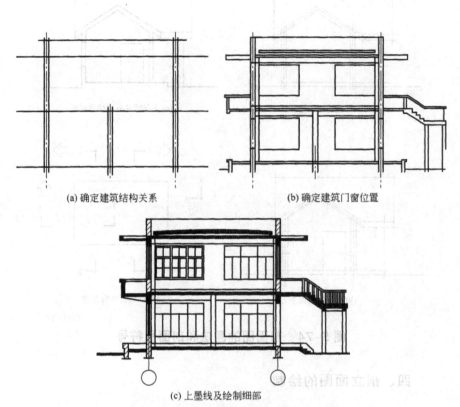

(a) 确定建筑结构关系　　(b) 确定建筑门窗位置

(c) 上墨线及绘制细部

图 5-73　剖面图的绘图方法与步骤

（4）标注剖面符号

剖面的剖切位置应用剖切符号标注在相应的平面图上,并且应遵守制图规定。剖切符号由相互垂直的剖切位置线和剖视方向线组成,用粗实线绘制。剖切位置线的长度为 6 ~ 10mm,剖视方向线的长度为 4 ~ 6mm。剖切符号不应与图线相交接,数字应标在剖视方向线的端部或一侧。转折的剖切位置线,在转折处为了避免与其他图线相混,可在转角外侧加注相同的编号数字（图 5-74）。

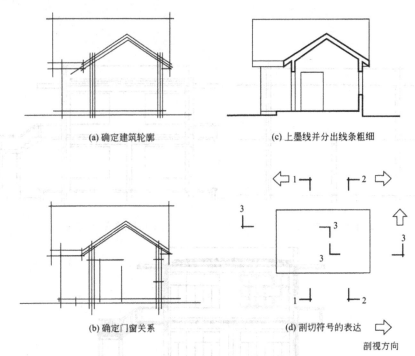

(a) 确定建筑轮廓

(c) 上墨线并分出线条粗细

(b) 确定门窗关系

(d) 剖切符号的表达

剖视方向

图 5-74　剖面图的画法和剖面图符号

四、剖立面图的绘制

剖立面的设计与表现是园林设计的一项非常重要的内容,它是对平面的补充表达。剖立面图借助界面剖线反映各个要素的竖向关系和细部做法。如图 5-75 和图 5-76 所示,分别是剖立面图较好的画法和较差的画法。

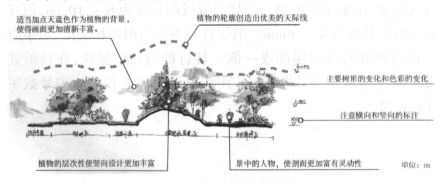

适当加点天蓝色作为植物的背景,使得画面更加清新丰富。

植物的轮廓创造出优美的天际线

主要树形的变化和色彩的变化

注意横向和竖向的标注

植物的层次性使竖向设计更加丰富

景中的人物,使剖面更加富有灵动性

单位: m

图 5-75　剖立面图较好的画法

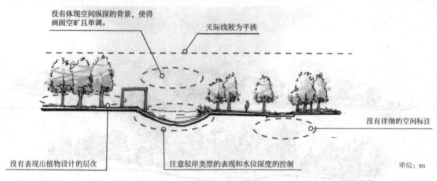

图 5-76　剖立面图较差的画法

在绘制剖立面图的时候需要注意以下几点。

（1）剖画的重要节点，包括特色节点的剖立面、平面或效果图表达不清楚的节点、设计的创新点等。

（2）注意树的形状、颜色的统一与变化，要具有一定的形式美感。

（3）注意竖向控制，特别是驳岸、亲水设施，控制水的深度；另外注意树对于天际线的影响。

（4）注意比例尺度，可以适当加入一些人物或车辆等，使画面更具有灵动性。但这也容易让比例和尺度上的错误更加明显。

（5）注意标注，要详细标注各个景观要素的尺度大小（横向和纵向）。

图 5-77 所示为剖立面图的参考。

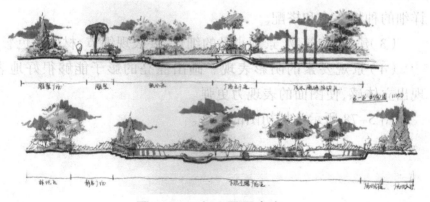

图 5-77　剖立面图参考

图 5-77　剖立面图参考（续）

五、扩初图的绘制

扩初图是对平面空间设计的细化。在平面图的表现上，由于比例的关系，可能表现得不会太细，一些具体的做法、细节的处理都需要扩初图进行补充。在绘制扩初图时需要注意以下几点。

（1）铺装的细化。在平面图中铺装画得不会太详细，要在扩初图中进一步细化，细化的内容包括铺装的形式、大小、材质和颜色等表达内容。

（2）植物的表现。在平面图中通常只需区分草、灌木、乔木，但是在扩初图中不仅要如此，还要区分植物的大小、种类、色彩、详细的种植形式和搭配。

（3）建筑、构筑物、景观小品的细化。要表现细节、材质和色彩。

（4）景观要素的阴影表现。画出漂亮的影子能够很好地表现出立体感，使图面的表现力更强。

图 5-78 所示为扩初图的参考。

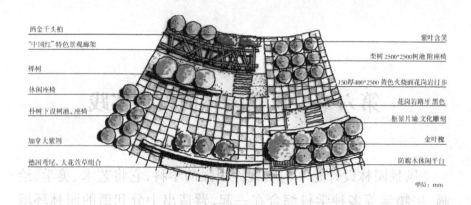

洒金千头柏
"中国红"特色景观廊架
榉树
休闲座椅
朴树下设树池、座椅
加拿大紫荆
德国鸢尾、大花萱草组合

紫叶含笑
栾树 2500*2500树池 附座椅
150厚*400*2500 黄色火烧面花岗岩汀步
花岗岩路牙 黑色
框景片墙 文化雕刻
金叶槐
防腐木休闲平台

单位：mm

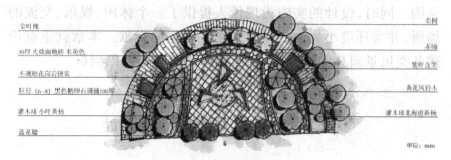

金叶槐
30厚 火烧面地砖 米黄色
不规则花岗岩拼装
粒径（6~8）黑色鹅卵石满铺100厚
灌木球 小叶黄杨
蓝花楹

栾树
坐椅
紫叶含笑
黄花风铃木
灌木球北海道黄杨

单位：mm

图 5-78　扩初图参考

第六章　风景园林的设计实践

风景园林设计是一门实践性很强的学科,它将艺术、美学、绘画、生物学等多种学科综合在一起,营造出十分和谐的园林环境氛围。同时,设计的实施为现代人提供了一个休闲、娱乐、交流的场所,并为环境小气候的调节做出了一定的贡献。本章就重点论述各类风景园林的设计,通过具体的案例对其加以剖析。

第一节　各类风景园林的设计

一、风景区设计

（一）风景区的概念

风景区又叫风景名胜区,是经过政府的审定命名的一种风景资源相对集中的区域。国外的国家公园其实就相当于中国的国家级风景区,指的都是一些风景资源比较集中、环境条件十分优美、具有一定的规模与游览的条件,能够供人们进行游览欣赏、休憩娱乐或举办科学文化活动的区域。

在中国,风景区的确定标准是:具有观赏、文化或科学价值,自然景物、人文景物比较集中,环境优美,可供人们游览、休息,或进行科学文化教育活动,具有一定的规模和范围的区域。所以,风景区事业其实是国家的社会公益事业,和国际上很多的国家中建立国家公园一样,我国建立的风景名胜区,也是为了能够给国家保留一批比较珍贵的风景名胜资源(包括生物资源),同时也能够对这些资源科学地加以建设管理、合理地开发与利用。

国家公园指的是面积相对较大的地区,拥有比较丰富的自然资源,有的甚至还有一些历史遗迹。国家公园中,很多的活动都有比较严格的规定,如禁止狩猎、采矿以及举办其他的资源耗费型活动。原则上来讲,国家公园是应有超过20km²的核心景区的,核心景区中的景观要保持原始的景观状态。此外,还需有若干的生态系统没有因为人类的开发与占有而呈现显著的变化,动植物的种类以及地质地形地貌也应该具有比较特殊的科学、教育、娱乐等功能的广大区域(图6-1)。

图6-1　普达措国家公园

(二)风景区的设计

城市风景区中最为典型的绿化设计代表是广场和滨水绿地。

1. 广场绿化设计

绿化是城市生态环境中的最基本空间之一,它能够让人们重新认识并感受大自然,拥护大自然,以补偿工业化时代的不断发展以及高密度的资源开发对自然环境造成的破坏。所以,不管哪个广场在设计时都要有一定的绿化空间,而且要尽可能地让绿化的面积多些。对于如火车站、汽车站的站前广场、体育馆前的广场等一些专门供集散所用的广场来说,绿化的面积也不应低于10%。现代城市发展较快,可谓是寸土寸金,所以要能够充分发挥绿化在城市空间中所起到的柔化剂作用,让植物成为城市广场建设中的生力军。

在广场绿化设计的手法上,一方面,在广场和道路之间的相邻之处,可用乔木、灌木或花坛起到分隔的作用,以此来减少噪声、交通对人们造成的干扰,这就有利于保持空间的完整性;还可利用绿化对广场空间进行划分,形成不同的活动空间,满足人们不同功能的需求。同时,因为我国幅员辽阔,气候的差异也就比较大,不同气候的特点也会对人们的生活造成一定的影响,这就形成了特定城市环境的形象与品质。所以,广场中的绿化布置也就应该根据当地的气候类型来因地制宜的设计,依据各地气候、土壤条件的不同情况,采取不同设计的手法。如天气炎热、太阳照射比较强的南方,广场上就要多种植能够遮阳的乔木,再辅以其他的观赏树种;北方则可采取大片的草坪加以铺装,进行适当地点缀来绿化。

另一方面,可以利用高低迥异、形状不同的绿化构建多样的景观,让广场环境的空间呈现出丰富的层次感,展示其应有的个性。此外,还可用绿化本身的内涵,既起到陪衬、烘托主题的作用,同时还可以成为主体,控制整个空间(图6-2)。

图6-2 城市风景区绿化设计

2. 滨水绿地设计

滨水绿地的景观设计一定要以水为中心,并要在此基础上理解成具有多种多样的景物,如水的波纹、岸上建筑与街道、远处的山等。

在原始的水域和周边的景观中,其景物大都是自然生成的,水域的景观由水域、过渡域以及周边陆域三个大的部分构成。水域的景观通常来说是由水域的平面尺度、水深、流速、水质、水面人类活动等决定的;过渡域的景观一般是指在岸边的水位变动范围之内的景观;河流周边的陆域景观,主要是由地理景观来确定,但是在一些人口比较稠密的区域,则是更多要受到人文景观的重要影响。

滨水绿地属于水域景观的一种类型,其构成部分也就不是单指河流本身所具有的景物了,它同时也包括了更大范围的外延与扩展。依据尺度的大小来看,滨水绿地景观能够分成大尺度景观与小尺度景观两种。其中,前者是指河谷地区广域的景观中,依照视觉上所包围的河谷或泛滥平原地区所界定的范围;后者主要由滨水、堤防和河畔植被所组成。

城市滨水绿地的景物构成和自然滨水绿地之间存在着共同之处。但是,城市滨水绿地并不是对自然的滨水绿地进行的不合理模拟。对于现代城市滨水绿地的景观来说,就仅对其构成的要素而言,除了构成滨水景观的多种因素如水面、河床、护岸物质之外,还包括了人的活动及其感受等主观性因素。

城市段的滨水绿地形式比较多,应依据其具体的情况对其要素进行合理的布置,下面以临近市区或市区内比较安静的滨水绿地为例加以论述。

这种滨水绿地的面积通常较大,居民在日常生活中利用也较多,它能为居民提供散步、健身等多种文化休闲娱乐功能。这类滨水绿地的构成要素有草坪广场、乔灌木、座椅、亲水平台、小亭子、洗手间、饮水处、踏步、坡道、小卖店、食堂等。在绿地要素的配置上还要注意下列问题。

(1)应让堤防背水面的踏步和堤内侧的生活道路之间相互衔接。

(2)散步道的设计要有效地利用堤防岸边侧乔木的树荫,设计成曲折、蜿蜒状。同时,在景观效果相对较好的地方设置适当的间隔安置座椅。

（3）设计一个避免游人失足跌落入水中的措施。

（4）在低水护岸部位以及接近水面的地方设置一个亲水平台,以满足游人亲近水面的需求。

（5）应尽可能地让堤防迎水面的缓斜坡护岸在坡度上有一定的变化,并铺植一些草坪。以防景观太过于单调,并适当地增加一些使用功能（图6-3）。

图6-3 风景区内滨水绿地设计

二、综合公园设计

（一）综合性公园概述

综合性公园是一座城市公园系统中的十分重要的组成部分,它是城市居民文化生活中不可或缺的因素之一。它不但为城市提供了大面积的绿地,还具有十分丰富的户外游憩活动内容,适合各个年龄阶段以及职业的居民来游赏。它是一个群众性的文化教育、娱乐、休息的公共活动场所,对城市的面貌、环境的保护、社会中的生活都有十分重要的作用。

真正能够根据近代的公园思路来构想并建筑的第一座综合性的公园要数美国的纽约中央公园（图6-4）。

图 6-4　美国纽约中央公园

中央公园的陆续出现，为近代公园系统的进一步发展打下了坚实的基础。继美国的纽约中央公园之后，世界各国的综合性公园出现雨后春笋般的发展，在短短一个多世纪里就先后落成，如中国的陶然亭公园（图 6-5）与越秀公园的发展都在其后。

图 6-5　北京陶然亭公园

（二）综合公园的景观设计

在公园设计过程中，充分利用自然景色或人工设计来创造的景色是构成景点的重要方式。园内的各个景点之间相互联系，组成一个景区。公园按照规划设计的意图，能够组成一定范围内的各种景色地段，这就能够形成各种风景环境与艺术境界，以此来划分成不同的景区，这就叫作景色分区。主要的景色分区有下列几大类。

1. 按环境感受的不同分

开朗的景观——拥有十分开阔的视野,水面宽广,大片的草坪也能够形成一种开朗的景观,给人一种开阔的感觉,让人倍感舒畅(图 6-6)。

图 6-6　开朗的景观——湖面

雄伟的景观——主要是利用一些挺拔的植物,陡峭的山形、耸立的建筑等构成一种雄伟庄严的艺术气氛(图 6-7)。

图 6-7　雄伟的景观——西安大雁塔

安静的景观——主要是利用公园四周相对封闭且中间空旷的环境,形成一个宁静的休息区域,如林间的隙地,山林空谷等区域。在现代城市中有一定规模的公园里经常会这样设计,便于游人安静地休息观赏(图 6-8)。

图 6-8　安静的景观——林间小屋

　　幽深的景观——主要是利用园区内的地形变化,植物的隐蔽、道路的曲折、山石建筑的障隔与联系等,构成一个相对曲折多变的游览空间,制造出一种优雅深邃的艺术氛围(图 6-9)。

图 6-9　幽深的景观——林间小路

　　2.按材料与地形的不同分

　　这种划分方式主要是按照不同的造园材料与地形条件所构成的不同景区进行的划分,主要有下列几种类型。

　　岩石园:主要是利用自然林立的山石或是利用岩洞来整理成一种游览的风景区域,如云南石林。

　　树木园:主要是以浓阴的大树而组成的密林,一方面具有了森林的野趣,同时还可以作为障景、背景来加以使用。这种情景主要是以枝叶稀疏的树木来构成一片疏林,能够透过树木看到后面的风景,以此来增加风景的层次感,丰富景色,是一种以古树为主要元素构成的风景。在某一个地段环境中,重点突出某一种树木的构成,如梅园、柳堤(图6-10)、紫竹院等。

图6-10　柳堤

用虫、鱼、鸟、兽等一些小动物来作为主要的观赏对象的景区,如金鱼池、百鸟馆等。

假山园:采用的是人工叠石,构成一个山林环境区域,如苏州狮子林的湖石假山。

山水园:主要是山石水体之间互相搭配,形成特定的风景。

沼泽园:主要是以沼泽地形为特征而形成的一种自然风光。

花草园:以多种草或花形成的百草园、百花园,重点是突出其中某一种花卉的专类园。如古林公园,牡丹、芍药园。

3.按季节特征划分

这种划分方式主要体现在植物四季分明的搭配上,如上海的龙华植物园制作的人工假山园,就是体现在植物四季变化方面:以樱花、桃花、紫荆等为春岛的春色;以石榴、牡丹、紫薇等为夏岛风光;以红枫、槭树的秋岛;以松柏为冬岛的冬景。无锡蠡园的四季亭也是一个比较典型的设计,临水相对,用植物的季相变化来衬托出四季不同的特点,垂柳、碧桃突出春景,棕榈、荷花突出夏景,菊花、枫树突出秋景,红梅、天竹、蜡梅突出冬景(图6-11)。

图 6-11　无锡蠡园冬景

（三）综合公园的基础设施设计

1. 综合公园道路设计

公园内的道路设计是一个需要综合考虑的对象。要综合把握道路和景点之间的关系。设计的时候主要考虑下列因素。

主路要能够联系园内的各景区，是主要的风景点与活动设施的重要道路。通过主路可以对园内外的景色加以剪辑，以达到引导游人去欣赏景色的目的。主路是公园内的主要环路，在大型的公园中，主路的宽度通常在 5 ~ 7m 之间，中、小型的公园主路宽度多在 2 ~ 5m。会有机动车通行的主路，其宽度通常要在 4m 以上。

支路主要是设在各景区内的道路，它主要是为了联系各个景点，对主路的发挥起到辅助的作用。考虑到游人的需求不同，在园路的设计与布局中，还要为游客从一个景区到另一个景区之间开辟出一条捷径。在大型的公园中，支路的宽度通常在 3.5~5m 之间，中、小型的公园中一般也在 1.2~3.5m 之间。

小路也称游步道，主要是一些深入山间、水际、林中、花丛中供人们漫步游赏的道路。在一些大型的公园中，小路的宽度通常在 1.2~3m 之间，而中、小型的公园中小路宽度多是 0.9~2m 之间。

东西方对园路的布置形式各有不同，西方的园林中多采用规则式的布局，园路笔直宽大，轴线对称，成几何形。中国的园林多以山水为中心,园路多讲究含蓄;但是在庭院、寺庙园林或一些纪念性的园林中,多是用规则式的布局。园路的布置还要考虑下列因素:回环性、疏密适度、因景筑路、曲折性、多样性。

2. 综合公园广场设计

公园中的广场设计主要是为了满足游人的集散、活动、演出、休息等使用功能。其形式可以分为自然式和规则式两种。根据广场的功能不同,又可把广场分为集散广场、休息广场、生产广场。

集散广场的主要作用是集中、分散人流。可以分布在出入口的前、后方,大型的建筑前、主干道的交叉口等处。

休息广场主要是供游人休息。大多布局在公园相对僻静的地方,与道路相结合,便于游人直接到达。与地形相结合,如山间、林间、临水等处,借此形成一个幽静的环境。和休息设施相结合,如廊、架、坐凳、草坪、树丛等,以方便游人进行休息与赏景。

生产广场主要是园务的晒场、堆场等,公园中广场的排水坡度通常要大于1%。在位于树池四周的广场中,还要采用透气性铺装,范围通常是树冠的投影区。

广场设计的形式和功能虽然不同,但是却是公园中一个必不可少的区域,在设计的时候需要进行多方位的考虑(图 6-12)。

图 6-12 公园广场设计

3. 综合公园的分区设计

在公园的规划设计中,分区的主要目的是为满足不同的年龄、不同的爱好者游憩、娱乐的需求,合理、有序地组织游人在公园内进行各种游乐活动。

根据各个区的功能方面的特殊要求和公园的面积大小,要和周围的环境、自然条件、公园的性质、活动的内容、设施的安排等一起协调做出分区规划设计。

一般来看,综合性公园的功能分区主要有:科普及文化娱乐区、儿童活动区、安静休息区、老人活动区、公园管理区等。

（1）文化娱乐区

通常情况下,这个区为公园的闹区,一些基础设施如俱乐部、电影院、音乐厅、展览室等大多是在这个区域集中分布的。园内的主要园林建筑通常也是构成全园景点的重点,因此,该区也多位于公园的中部地区。为了避免该区中的项目间相互干扰,各个建筑物、活动设施间都要有一定的距离,可通过树木、建筑、土山等进行隔离。一些具有大容量的群众娱乐项目,如露天剧场、电影院等,因为集散的时间比较集中,所以需要妥善地进行交通组织,在规划条件允许的前提下尽量选择接近公园的出入口之处,或单独设置一个专门的出入口,以便快速地集散游人,用地的定额通常是 $30m^2/$ 人。对于文化娱乐区的规划设计,应尽量巧妙利用周围的地形特点,创造出一个景观优美、环境舒适、投资少、效果好的景点与活动区域。同时还要利用较大的水面设置进行水上的活动项目;利用坡地来设置露天的剧场、表演场地等场所（图 6-13）。

因为该区的建筑物、构筑物大多相对集中,所以就为集中供水、供电、供暖等基础设施的地下管网布置提供了很大便利,同时也最大限度地避免了投资的浪费,节约了资源和人力。

（2）安静休息区

安静休息区通常都会选择在具有一定起伏的地形,溪旁、湖畔、河岸等环境最理想，并且应选择原有的树木茂盛、绿草如茵的区域。

图 6-13　莲湖公园中的休闲娱乐区

公园内的安静休息区并不一定要集中在一处，只要条件允许，可以选择多处来设置，一方面可以保证公园内有足够比例的绿地面积，另一方面还可以满足游人内心回归大自然的强烈愿望。

安静休息区中还可开展多种安静的娱乐活动，如开展垂钓、散步、太极拳、博弈、品茶、阅读、划船等噪音较小的活动内容（图 6-14）。

图 6-14　在公园休息区下棋

这一区域内的建筑设置宜散落不宜聚集，宜素雅不宜华丽。与自然的风景相结合，设立亭、榭、花架、曲廊等，或设茶室、阅览室等室内园林建筑。

（3）儿童活动区

据相关部门测算，公园中的儿童人流量占游人总量的

15％～30％。比例多少还与公园所处的位置、周围的环境、居民区的状况存在着直接的关系；也与公园内的儿童活动内容、设施、服务等多种条件之间存在较大关系。

公园中的儿童活动区面积大小不一，但是通常情况下，在公园中所占的面积一般都较小。在对这一区域设计的过程中，要考虑到不同年龄阶段的少年儿童需求。活动的内容主要包括游戏场、戏水池、运动场、少年宫等多种形式，近年来，又增加了很多现代化的电动设备（图6-15）等。

图6-15 公园儿童活动园区

在规划设计这一区域时，要注意的要点是：通常都要靠近公园的出入口，以方便儿童进园后可以很快到达；这个区域的建筑设施要采用造型比较新颖、色彩十分鲜艳的作品，以便能够引起儿童对活动内容的强烈兴趣，同时，这种设计还符合了儿童天真、好动的性格特征；植物的种植也要是一些无毒、无刺、无异味的树木、花草；还要考虑到成人的配套设施区域，通常在儿童活动的地方都会设立小卖点、盥洗、厕所等基础性设施；活动的场地周围还要考虑遮阴树林、草坪、密林等，以便于在集体活动时能够遮阳；设计过程中也要为家长、成年人提供一个休息、等候的建筑区域，特别是幼小儿童在园内举办趣味性的活动时，能够方便家长们休息、看护。

（4）老人活动区

当前的中国社会发展十分迅速，已经逐渐迈入老龄化社会阶段，大量的离退休干部、职工也成了社会上一个备受关注的庞大群体。很多老年人在早晨都需要到公园里做晨操、打太极拳等，进行一些适合老年人的活动（图6-16）。

图6-16　公园中老人活动区

在公园设计规划中，老人的活动区最好是设置位于安静的休息区内，或是设置在安静的休息区附近。同时，还要环境幽雅、风景宜人。供老年人开展的活动内容主要有：老人活动中心，开办盆景班、花鸟鱼虫班等，组织交际舞队、舞蹈队等。

（5）公园管理区

公园内的管理工作内容较多，其中主要包括：管理办公、生活服务、生产组织等内容。通常情况下，该区应该布局在既方便公园管理，又方便和城市之间取得联系的地方。因为管理区属于公园内部的专门区域，所以要在规划时考虑适当的隐蔽，不应该过于突出，影响游客对风景的游览。

管理区内，还设置有办公楼、宿舍、仓库等办公、服务建筑。该区应该视规模的大小，决定是否安排花圃、苗圃、荫棚等生产性构筑物。同时，为了维持园内的治安，园内还要设立治安保卫等服务性机构。

除了上述的公园内部管理、生产管理设施之外，公园还应该妥善地安排对游人的生活、急救服务等的管理。特别是在一些大型的公园内，必须要解决游人的饮食、摄影、导游、寄存等项目。所以要选择好适当的地点，安排餐厅、小卖店、摄影部等服务性建筑（图6-17）。上述中的所有建筑物、构筑物都要力求和周围的环境之间保持协调,造型要美观,整洁卫生,管理要方便快捷。

图 6-17　公园内的小卖店

三、主题公园设计

（一）主题公园概述

主题公园又叫主题游乐园、主题乐园,是以特定的内容作为公园的主题,人为地建造出一些和其氛围相符合的民俗、历史、游乐空间,让游人能够切身地感受、参与到特定内容的主题中来的游乐地,是集特定的文化主题内容和相应的游乐设施为一体的游览空间。主题公园的内容能够给人以具有丰富的知识性与趣味性的感觉。

（1）主题公园具有很强的商业性,自它诞生之时起就已经带上了十分明显的功利主义色彩,盈利是主题公园能够存在的目的与意义。

（2）主题公园具有明显的虚拟现实性,这是指该种公园的创造是一种复制与拼贴的过程,它复制了一个人们在现实生活中不能实现的幻梦,使人们能够在畅游中获得"超现实"的体验。

（3）主题公园还有信息饱和性与高科技性。这是因为主题公园是一个万花筒,能够包罗万象却不失快乐与风趣。

1989 年,香港中旅集团与华侨城集团在深圳投资了"锦绣中华"微缩景区,这就是中国主题公园的先河(图 6-18)。之后,全国各地迅速掀起主题公园创建的热潮。

图 6-18　"锦绣中华"主题公园

（二）主题公园的设计

1. 主题选择要准确

主题公园能否成功，关键是其主题选择方面是否准确，其中需要注意题材的新鲜感与创造性。通常要从三个方面来加以考虑。

（1）公园所在城市的地位、性质、历史。一个城市的地位与性质决定了该城市发展主题公园是否会吸引充足的旅游群体，这就决定了该公园能否持续、健康发展。如北京是全国政治文化中心；云南独具特色民族风情；大连是海滨城市，建造的"海洋公园"能够招徕大量游人（图 6-19）等等。

图 6-19　大连海洋主题公园

（2）抓住人们心理游赏的需求,与实际条件相结合进行主题选择。游人的心理需求促使主题项目经常更新,具有一定的刺激性、冒险性,所以主题公园的主题要有创意、与众不同。如中华恐龙园紧抓"恐龙"这一科学性主题,满足了游客的好奇心（图6-20）。

图6-20　中华恐龙园

（3）注重参与性内容。参与性是主题公园规划设计时应重点考虑的因素之一。随着生活节奏的加快,青少年游客更喜欢参与性强、互动性强的游乐体验,这成为主题公园发展的方向。如迪斯尼乐园等。

2. 主题景观创意要新颖

公园的主题需要借助景观进行表达,所以园内景观设计极为重要。现代的主题公园景观设计,主要是围绕动态景观与动静相结合来设计的。

（1）动态景观的设计。公园内的静态景观在建成之后具有一定的稳定性,后续的可塑空间十分有限,但是动态景观的设计却不同,它可以随着专业人员的主观意志来改变原有的造型,不断得到开发与更新。

（2）动静结合的景观。在我国早期建造的主题公园大多景观是静景,游客在其中也仅仅是纯观光型的游玩,易产生乏味之感。所以,当前在建造主题公园时就要考虑其布局上的动静结合,纯粹的静态景观还要注重它的实用性,并预留出后期的改造空间。

而对于那些已经建好的静态主题公园,可以适当地对园中的静态景观加以改造,设法融入一些动态的元素。

3.空间组合应该合理

(1)空间造型的合理

主题公园应具备十分优美的空间造型,这样才能创造出丰富的视觉效果,赋予景园美好的形象。形成游乐空间的元素有很多,如建筑物、植物、水体、山石等,这众多的元素之间进行不同组合能够形成一种亲切质朴、典雅凝重的感觉,产生飘逸、热烈的空间效果。如常州的恐龙园(图6-21),利用现代技术创造出一种原始的沧桑感,并突出恐龙之间的"交流",突出恐龙生活的时代,营造出远古时期的环境氛围。

图6-21 常州恐龙园

(2)空间序列和流线组织

任何一个空间的序列都要包含有序景、高潮以及结景三个阶段,才能够有节奏地组织环境的韵律,最终能够使游人保持长时间的体力与激情。主题公园中的基本流线结构共分为四种:环线组织、线性组织、放射状组织、树枝状组织。此外,由环线组织和其他的流线结构又能够复合出3种复合流线组织,如无锡太湖乐园流线系统就是由环线与线性组织结合设计的。

四、纪念性园林设计

纪念性园林主要是指人类利用一定的技术与物质手段,通过形象思维而创造出的一种精神意境。它主要是以纪念性活动为主,结合环境效益与群众的休息游憩要求而做出的设计规划,意即"纪念性"和"园林"之间进行的完美结合。它主要的任务是供人们来瞻仰、凭吊、开展纪念性的活动与游览、休息、赏景等。

（一）设计要点

（1）纪念性园林多是规则式的平面布置,具有十分明显的中轴线,呈现一种对称的布局,主要的景物（如纪念碑、纪念馆、纪念塑像等）分布也位于轴线的端点或两侧,以此来突出纪念性这一主题。

（2）纪念性园林中的主景多是纪念性雕塑、建筑,以此来突出纪念性的主题,且这种设计大多使用主景升高与动势向心的组景方法来展示英雄人物所具有的风范。

（3）地形的选择也多为山冈丘陵。地形处理上也多采用逐步上升的方式,采用台阶形式逐渐接近纪念性的主景,让游人产生一种仰视的效果,以此来突出主体主景的高大。

（4）植物的配置往往采用规则式的种植手段,纪念碑的周围还应该多种植花灌木以形成一种花环的装饰效果,碑后也常常植松柏纯林,其寓意是"万古长存"（图6-22）。

图6-22　德国俾斯麦纪念园的松柏纯林

（二）功能分区

在一些面积相对较大的纪念性园林中,通常至少要设置两个功能区,即陵墓区与风景游憩区,而那些面积较小的纪念性园林也许只设有一个功能区,即陵墓区。

1.陵墓区

这个功能区多是安排烈士的史料陈列馆、烈士纪念碑、烈士雕塑等建筑的地方。无论是主体建筑群,还是纪念碑、雕塑等,在平面构图上都要采用对称的布局方法,其建筑的本身也多是采用对称均衡的手法表示主体的形象,营造出一种严肃的纪念性意境。

2.风景游憩区

这一功能区大多结合当地的地形来安排恰当的游憩性的活动内容,全区的地形地貌处理、平面的布置也要和地形相符合,因地制宜、自然布置,亭、廊等一些较小的建筑小品造型都采取的是不对称的构图方法,创造出一种活泼愉快的气氛。如长沙烈士园林的东半部设计的就是风景游览区,水面比较宽阔的浏阳河老河湾是这个陵园中的游憩区的主题,沿岸周围还布置了朝晖楼、红军渡、羡鲜餐厅等基础设施。西岸的山脚下还设置有溪塘、藤桥、亭等景点,同时还设计考虑到了儿童的游览需求,布置了儿童游乐场、露天电影场、浮香艺苑等多个活动场所。

(三)景区设计

纪念性园林中的绿化区域主要是按照"纪念"和"园林"两方面的功能要求来规划设计的。这个区域的景区设计主要包含了三个大的方面,即出入口部分、陵墓部分、园林部分。

1.出入口

这个地方是有大量游人集散的场所,因此就需要设计成一个视野比较开阔的地带,多采用水泥、草坪广场加以配合。而出入口广场中心的雕塑或纪念形象周围也可用花坛来衬托其主体。主干道的两旁也可多采用排列相对整齐的常绿乔灌木加以配植,创造出一种庄严肃穆的气氛(图6-23)。

图6-23　红岩革命纪念园入口

2.陵墓部分

这个部分的设计大多采用的是一些规则式的布置,如规则的草坪、花坛、对称的行道树等,以此来渲染出一种庄严肃穆的陵墓氛围。在树种的选择方面来看,大多是选用树形比较规整,枝条相对细密,色泽暗绿的常绿针叶树种,如松柏类、雪松等(图6-24)。

图6-24　人民英雄纪念墓

3.园林部分

这一部分多用自然式的设计布置,由一些自然式的道路、不规则的水面等组成,形成一种自然、有致、生动的园林建筑空间。植物的种类通常是丰富多彩的,大多是一些常绿的阔叶树种、竹林或各种花灌木,共同构成郁郁葱葱、疏密有致、层次分明的林木景观,以此来渲染在革命胜利之后的今天,到处都是山花烂漫的美丽景象,透露出满园莺歌燕舞的美好场景(6-25)。

图 6-25　淮海战役纪念园林

第二节　风景园林设计的实例

一、香山公园设计规划

(一)公园定位

香山公园的鲜明特征是以山林为主色、具备了皇家园林的内涵、位于风景名胜区中的历史名园。景观的典型特征是皇家园林、红叶、古树。

(二)规划目标

首先,逐步把以登山健身为主要活动的特征逐渐转向以文化游览为主,集登山健身和文化游览为一体的游览目标,使园中的有关文化遗产的价值更为突出,氛围也变得更为和谐统一。

其次,协调公园内的生态、文物保护、文化旅游之间的关系,从而实现历史名园综合功能的完整统一。

再次,积极地争取外围保护区项目的建立,参与到周边的环境综合整治过程中去,使其在发展和静宜园的景观方面做到相互协调。

最后,逐渐收回被别的单位所占用的一些文物基址,进而实现静宜园完整的保护,重现乾隆皇帝时期的历史文化价值及其内涵。远期则积极地争取"三山"(万寿山、玉泉山、香山)同列为《世界遗产名录》。

（三）总体措施

1. 对内措施

（1）积极保护:对周围的历史文物环境进行积极保护,恢复文物的基址,设置详细明确的说明,根据具体的情况去选择复建方案。

（2）收回占地:把和公园定位不符的入驻机构全部都清理出园,并设立一个专门的小组去落实有关的细节,这类机构如:小白楼,电话局、安全局用房等等。香山饭店远期应该和公园的整体发展计划结合在一起,改建成一种符合公园定位的游览设施,如"香山商业文化博物馆"(图 6-26)。

图 6-26　香山商业文化博物馆

（3）护绿亮点:以维护现在所有的绿化水准、完善生态环境、提高整体的绿色健康水平为公园有关工作的首要出发点,在这个前提下突出重点:栽种黄栌、古树、山杏、桂花、丁香、梅花、椴树、特色地被等植物。

（4）理顺游线：协调文物、环境和游人三者之间的关系，通过总体的布局、景点的设置、游线组织等多种有效的手段，把三者之间的关系调整到一种最合理的状态。

2. 对外措施

（1）协调周边，共同发展：和西山的林场进行协作，建设一个外围保护区；和香山街道办事处协作，建设一条门前景观区和景观廊道；和植物园卧佛寺、颐和园之间进行联系，组织开展有效的路线游览活动。

（2）建立起重点保护区域：公园外的西、北、南三面都是西山森林公园（图 6-27），用地的属性和本园相一致，以拓展为公园保护区作为主要的目标。公园的东面是农田和建设控制用地，应该严格地限制有对香山景观产生破坏的建设项目实施。

图 6-27　北京西山森林公园

（3）恢复格局：恢复公园东门外所特有的序列空间，保护静宜园的历史风貌（图 6-28），建立起门前过渡空间区域。

同时，积极地申报世界遗产，这能够使静宜园的历史名园价值更容易获得人们的广泛认知，更为重要的一点是，能够极大地促进本园的文化遗产保护，从而解决长期悬而未决的历史难题。

图6-28　静宜园

3. 更改园名

把现在的"香山公园"之名改成"香山静宜园"。以此来增加公园的历史文化意蕴,使"三山五园"的概念能够更顺利地延续下去,而且也可以和"清代皇家历史文化保护区"的大格局理顺,为世界文化遗产的申报目标打好基础。

除此之外,还进一步控制公园的游人容量。按照《公园规范》、卡口法与GIS图三种有效的计算方式得出最佳的日容人量和最大的日游客容量。

(四)规划原则

首先,遵守生态以及文物保护优先的原则。优美的生态环境,尤其是古树红叶和悠久的文物是香山闻名于世的根本所在,所以,保护这两项要素就成为开展其他规划工作的前提和基础。

其次,突出传统的文化特色,注重文化建园。香山拥有十分丰富悠久的历史文化,交织了传统园林的文化精髓,这是和国内其他园林与风景区存在区别的地方。

再次,遵循以人为本的规划原则,从游客活动的规律进行考虑,做出合理的规划。

最后,重视香山公园在规划上的科学性、前瞻性以及可操作性。

（五）坡度、功能、景观分区及景点布局

1. 坡度分区

在公园有关生态环境的各个因素之中,坡度也是最为敏感的因素类型,根据《中华人民共和国水土保持法》《北京综合生态规划办法》,以坡度的分布特征为主要依据,坡度在 25° 以上的区域是生态的高敏感区,同时结合 GIS 图、历史遗迹、现状植物可以分布叠加综合成为三类典型的区域。

（1）陡坡区:主要是为了减少游人的进入,以植被的保护培育为其设计的重点。同时还需要禁止修筑硬质道路和新建建筑,对文物建筑应该做到以不恢复为宜。

（2）缓坡区:在这个区域中,游人能够相对大量停留,道路和文物建筑则能够得以恢复。

（3）过渡区:处在陡缓两个区域之间。文物的建筑可以部分进行恢复,适当地修建游园道路。

2. 功能分区

功能分区是全园的重点,可以划成风景游览区、门区、餐饮食宿区、后勤管理区等几个主要的类型。

其中,东门区应该恢复东门外的南北朝房各三间;迁出派出所、部队院以及二号家属院,恢复原来的军机处、御膳房、御药房、御茶房及东北门的原有历史格局,与园墙之外的六部朝房相互连接,组成一个整体,恢复静宜园独特的门区风貌;同时,恢复东门之外的方河水系、石桥东西的两座牌楼。

与地区的政府部门进行合作,把买卖街改造成仿古步行街,保护沿街的大槐树;同时将橡胶厂附近的石桥重新恢复;并且也需要设立"松扉萝幄"的城关标志物。

北门区:把原来的煤厂街改成步行街,重新恢复煤厂村"绀翠凌虚"的城关;同时将现状城关中的商业用房全部收回,改建成北门和碧云寺门前的林荫广场。

东南门：东南门一带禁止将车辆放入园中，解决人车之间的混杂状况。

豫泰门、和顺门：在和八大处、西山林场等形成一种联合开发旅游项目的重要前提下，对山上二门区的有关环境进行改造，以此分散和疏导山顶上的游人。

3．景观分区

（1）山麓林荫景区

①本区地处古树林荫中，可以抬头观山、低头望花。

②树干十分高大，有比较通透的林下视线空间，形成了一种良好的"框景"之感。

③各种类型的宿根花卉展示区。

④望山能够欣赏到整个香山的风貌形象。

⑤主要景观是疏林草地，比较适合开展人数相对集中的游园活动。

⑥这里总共分为7个景观组团。

（2）中峰历史名胜景区

①这个区域氛围十分清幽，重点是以开展寻幽访古的文化活动为主。

②静宜园的大多数景点都集中在这个区域，形成了能够充分体现公园人文历史的主体部分。

③恢复景点，设置一处比较明显的、古意盎然的说明牌，周边环境的氛围根据乾隆诗中所描写的情况予以恢复。

④根据空间的特点、以组团为一个单元，对整个景区做出比较合理的开发，组织游线。

⑤本区同样可以分为7个景观组团。

（3）南山红叶景区

①该地区主要是黄栌红叶林集中地区，并和南山园的墙外黄栌林相互呼应。

②该区的重点是以生态保护和观赏活动为主。

③创建一条生态廊道,形成本区生态游览的重要特色。

④本景区总共可以分为4个景观组团。

（4）北山杏林景区

①这个区域种植的主要是以山杏为代表的蔷薇科李属开花植物,和北山园墙外已经具有的山杏相互呼应,从而很好地将香山地区的杏林花海这一历史风貌恢复过来。

②在一段时期内需要控制游人的进入量,实施封山育林。

③喷播各种类型的山野花,将裸露的岩石覆盖,以便能充分满足乘客在缆车中俯观景色的需要。

（5）山顶眺望景区

①本区适合居高望远。

②因为这个区域处在独立式的山峰峰顶,不存在同级的等高线山脊或者台地、西坡的临界墙也缺少疏散的出口。山顶最大的容人面积大概是2927㎡,这个范围中能够同时承载缆车和徒步两股人流的到来。所以规划中提出的游人容量数值,适宜的人数应该为289人。

③近一段时期应该减少销售点、热餐,减少对山体的破坏。

④本区需要设立专门的人流监测设备,并由专人进行负责,随时对人流进行疏导。

⑤与八大处、西山林场进行合作,同时开放豫泰门、和顺门（图6-29）将游人实施分流。

图6-29　香山和顺门

⑥在实施远期征地扩界之后,把游人向香炉峰的西坡方向进行疏导(图 6-30),与林场的防火道进行连接,从而疏导分散人流。

图 6-30　香炉峰

⑦为了预防人群拥挤而出现踩踏、突发急病等一些意外状况,在峰顶需要适当地布置直升机降落坪。

⑧远期应该考虑拆除索道中站到山顶段,和西山林场进行合作,把索道转到和尚坟后山的猴石崖上,以实现游人分流的目的,进而推动西山森林公园的静福景区开发。

⑨本地区的景区总共分为 5 个景点。

4. 景点布局

把相似的景观空间中所具有的景点加以整合,形成一个个景观组团,能够十分有效地组织游人进行游览,形成一种动态化赏景,同时也为养护、种植、建设提供必要的依据。

本园游览区总共能够分为 5 大景区,21 个景观组团(图 6-31),每组团同时还是由数个景点所组成。园区的游览组织和建设、植被的培育、管理等都应该以景观的组团单元加以展开。

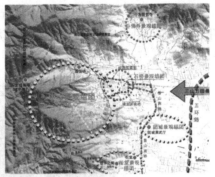

图 6-31　景区景点规划与周边协调建议

二、风景名胜区——大明湖规划设计

大明湖地处济南市的旧城北部地区,也是济南三大名胜之一,同时也是构成济南"山、泉、湖、河、城"景观特色风貌的一个十分重要的组成部分。

大明湖景区目前有各种植物种类近 100 种(主要都在公园内分布),沿湖一带主要栽植的是垂柳,湖南岸的背景树大多是毛白杨,品种相对较为单一,多处陆地的地被植物品种也不太充分,常绿阔叶植物通常也比较少。景区扩建部分遭到拆迁之后,主要保留的都是一些大树,散在一些民居的院落之中。

（一）规划原则

首先,保护大明湖扩建地区目前所有的古树名木以及一些长势相对比较好的树。从维护生物种类多样性以及绿地可持续发展的战略定位进行考虑,建立起各类树木种质资源库,充分保护植物群落的稳定性。

其次,发展乡土树种,高度重视特有树种类型、观赏性植物类型、水生类植物的种植,尽可能提升规划的水平,充分体现景区景观的价值与明显特征。

再次,以充分提高环境的质量作为绿化的重要依据,充分利用山水有关的资源,创造出一个"水与绿"相互交融的景观特点,进一步强化大明湖的地位与作用。同时,加大对乔灌木等树种的栽植与培育力度,进一步增大绿化的覆盖面,尽量维护大明湖所具有的生态环境。

最后,在培养大片植被景观的前提下,以小片的种植为其重要点缀,不同的景区充分体现出各自植物的独有特征。充分考虑在不同的季节开花植物之间的良好搭配,使四季景色都具有变化,同时在进行大片植被的种植时,需要进行色叶的协调和对比,形成一个比较优美的观叶林。尤其需要注重的是在水岸和大片草地的边界之处,以植被不同的季相、色相、树形以及轮廓线,形成大明湖滨湖独有的种植景观。

除此之外,还需要充分加强绿化规划和其他系统规划之间的有力协调,考虑绿化空间和大明湖以及景区的道路网、水系与土地功能布局方面的良好衔接。

（二）规划内容

1. 总体植被景观规划

依据大明湖的地理位置,再与大明湖的风景名胜区规划特点相结合,考虑不同的郁闭度对景区不同的空间感受所产生的一系列影响,种植规划主要可以分成生态密林、背景林、乔木、观赏林、单纯林、草坪等。在平面布局方面,考虑到大明湖八大景区不同的景观特征,采用一个十分适合该景区的优化种植模式,形成独具特色的植物景观,才能很好地烘托出风格备具特征的景观效果。

（1）生态密植法

靠近北侧、东侧城市道路处,可以种植一些比较高大的乔木林,营造一个绿化隔离带,而在靠近内侧的游览区中,则应该注重植被的乔灌地被多层次、丰富色彩之间的搭配。这个林带种植的主要特色就是"厚密"。同时再结合原有的大树如大叶女贞、法桐等,形成生态背景林的骨干树种。混交林、观赏林、单纯林、水生植物都有种植。

（2）混交配植

这种种植方式主要分布在生态岛、土山处，以一种近自然的生态群落为主要造景手法的地块。其植物大多是以常绿、落叶本地乔木、乔灌木混交为主。

（3）单一片植

主要分布在秋柳园一带附近，规划了成片的柳树林。小淇园附近则规划了成片的品种竹。

（4）观赏丛植

主要是分布在主入口、重要的节点附近以及一些比较开阔地的边缘，主要包括了秋色林、特景树等。以自然地被为基本色调，适当地增加一些低矮常绿和开花灌木以及色叶树品种，以便让大明湖到处有景可观，每季的景色不同。

（5）水生植物

这种植物主要分布在小东湖、大明湖景区的南门两侧等区域，主要的植物包括荷花、睡莲、鸢尾、芦苇等。结合水杉等一些近水的植物，形成了一座自然生态的绿色岛屿（图6-32）。

图6-32　大明湖景区

2.景区种植规划

（1）超然致远景区

总体植物景观的设计渲染了常绿植物的景观，通过种植乔木、灌木等植物，形成了一个近乎自然的风景模式。山体的西侧主要是由色叶植物所形成的一种夕阳西照时的秋景。上层的植物则是黑松、榉树、皂角、乌桕、楸树等多种树种；中层的植物则是黄栌、红枫、鸡爪槭等树种，主要是在山体的西侧分布，中层的是一些耐半阴的灌木，品种大多都是海桐、迎春、连翘等；下层的是耐阴地被，主要是二月兰、紫花地丁等，下层的耐半阴地被主要种植的是葱兰、萱草等（图 6-33）。

图 6-33　超然致远景区——超然楼

（2）曾堤萦水景区

总体上营造出一种春花烂漫的植物景观。曾堤进一步延续了原有的驳岸线条，原来有很多垂柳，所以采用这种形式形成了"间种桃花间种柳"的景观效果。设计过程中需要充分利用原有的垂柳、大叶女贞等一些大树，增加碧桃、连翘、迎春等一些春花类植物，向南延伸到河岸线处，形成一种独特的景观（图6-34）。

图 6-34　曾堤

（3）秋柳闻风景区

这个景区主要是为了纪念王士祯的，总体的景观设计是为了营造出一种秋风萧瑟的景观效果。主调树种除了原来的毛白杨、垂柳、法桐等体型比较大的树种之外，同时还增加了旱柳、馒头杉等品种。

土山处的植物上层则重点保留了原有的刺槐，同时还配上了鸡爪槭、朴树、白玉兰等多种植物类型，中层主要种植的是黄栌等树种，下层重点栽植的是一些耐阴的地被，如金银花、酢浆草等。

秋柳诗社的树种主要种植的是白皮松、紫薇、白玉兰、柳树、合欢等。南侧的绿地树种主要是银杏、垂柳、白皮松、水杉等。王士祯故居、柳园人家民居一带主要种的植物是白玉兰、淡竹、石榴（图6-35）。

图6-35　王士祯故居

（4）明昌晨钟景区

这一风景区的植物风格总体的定位是疏朗大气。具体的做法主要是以现状树作为基础，同时要增加大树，体现出透湖的设计思路。同时还保留了原有的树种，如法桐、垂柳等，并且也需要增加银杏、水杉、刺槐、淡竹、白蜡等一些规格相对比较大的树种，同时要以盆景松、盆景榆作为点景植物加以布置。局部则进行自然群落式的种植，增植一些开花灌木植物，如金银木、紫丁香、蜡梅等。同时还应该加强对地被的有效处理，种植一些如葱兰、鸢尾、萱草、二月兰等观赏性植物。这里的明湖居、枕湖楼等景观也是十分出名的(图 6-36)。

图 6-36 明湖居

(5)稼轩悠韵景区

这一景区与原有的遐园等一些条件相对比较好的园林景观相结合,本着营造出一种自然生态植物群落的设计规划思路,做出植物的配置,形成一种秋色灿烂的园林景观。典型的植物群落主要是:原有的树种、元宝枫、黄连木、柿树等(图 6-37)。

图 6-37 遐园

(6)七桥风月景区

这个景区的设计主要是因为保留了较多的民居建筑,形成了水道、民居与桥相结合而成的水乡特色,所以植物的景观偏重于民居的种植模式:槐树 + 椿树 + 梨树 + 石榴 + 无花果 + 海棠 + 木瓜 + 桂花 + 淡竹。七桥风月景区主要包括了七座形式不同的桥,对其进行不同的景观设计,能够充分体现出其景色特征(图 6-38)。

（a）渔洋桥和秋水桥

（b）芙蓉桥和梅溪桥

（c）烟柳桥和藕香桥

（d）水西桥

（e）百花桥

（f）北池桥

图6-38　七桥风月景区效果图

（7）竹港清风景区

这个景区是一个相对独立的小岛,岛上环境幽静闲适(图6-39),竹影和清风之间相呼应。植物景观主要是竹景为多,种植的模式也大多是品种竹+青桐——箬竹+书带草。

（8）荷香北渚景区

这个景区坐落在小东湖上,水体的面积比较大,结合了生态岛的设计与建设,形成了一种以水生植物景观为主要植物的园林环境(图6-40),因为其东侧邻近城市的交通道路,需要做成一个封挡效果比较好的植物景观。这里的植物景观设计的模式是:水杉+落羽杉+枫杨+黄连木—石楠+十大功劳+粉花绣线菊+棣棠—鸢尾。

图 6-39　竹港清风景区

图 6-40　荷香北渚景区

三、主题公园——昆明园艺博览园设计

（一）博览园设计概述

昆明世界园艺博览园,简称为世博园(图 6-41),本身是"99昆明世界园艺博览会"的会址,园区在进行整体规划时做到了因地制宜,园区的设计错落有致,气势恢宏,汇集了来自全国各省、区、市与地方的特色,同时也包括来自 95 个国家的风格迥异的园艺精品,庭院的建筑与科技集于一园之中,充分体现出了"人与自然,和谐发展"这一时代主题,是一个具有"云南特色、中国气派、世界一流"的园林大观园。博览园的占地面积大约有 218hm²,植被的覆盖率高达 76.7%之多,其中包括了有 120hm² 的灌木丛缓

坡,水面的面积占了大约 10% ~ 15% 之多。

图 6-41　昆明世博园

（二）场馆设计

1. 国际馆

国际馆的建筑面积总设计为 1.1 万平方米,占地面积达到
1.325 万平方米,道路的广场面积也多达 0.43 万平方米、绿化面
积达到 0.305 万平方米,室内的地坪高程为 1953m。国际馆的位
置在博览园的最东边,主游路的收尾处,离博览园的主入口大约
2km（图 6-42）。

图 6-42　昆明世博园国际馆

国际馆的主体建筑是以葱郁的山林为背景的,环境十分优
美。建筑的造型是由一个圆形的主体以及一条 100 多米长的弧
形墙共同构成的,以大体量的展览空间展现在观众们的面前。建
筑的结构通过几个同心圆柱网形成几个完整而流动的空间。世

界各个国家的展室都环绕着中庭进行布置,充分体现出平等和睦的国际大家庭关系;建筑的背景斜向弧形建筑具有一种较为明显的向上向前的动感与气势,象征了人和自然之间共同奔向新世纪的精神。

国际馆的大部分主要分成了两层,高为 8.5m,局部可以分成三到四层,高是 19.2 m,平面的尺寸总体上大概是 66m×78m,位于中庭的圆形屋顶建筑,直径则达到了 18m,圆形的中心部分所用的是钢网架玻璃设计而成的采光天棚。

在国际馆的前广场设计方面,主要是结合了当地的地形设置一个庭园,前面的景观主要是水流、绿草鲜花,室外的绿化以及室内绿化的二者之间相互映衬,使展馆的布局很好的融在了大自然之中。

2. 中国馆

中国馆的总建筑面积达到了 1.9927 万平方米,占地面积则达到了 3.3000 万平方米,观礼台的面积也达到了 0.36 万平方米,道路、场地的铺装总面积则在 0.434 万平方米(图 6-43)。

图 6-43　昆明世博园中国馆

中国馆是"99 世博会"中一座最大的室内展馆建筑,它同人与自然馆、大温室主广场一起,共同构成了世博会的主场馆区。

中国馆地处广场的北面一座地势较高的区域,地坪的高程达到了 1937m,要比中心广场高出 9m 之多,正对着中心广场的位置,设有方便开幕、闭幕以及会期活动所用的观礼台。中国馆的建筑布局设计采用的是中国传统园林设计手法,形成了一个院落式的建筑群体,通廊把各个功能展厅进行了有机组合。整个建筑总共可以分成2层,建筑物的顶部高达18m。基本的单元平面是24m×24m,共有7个之多。

中国馆在设计时,其风格同汉代的宫苑建筑以及南方的民居建筑相结合,形成了绿瓦白墙的构造形式,绿色代表了生命的蓬勃,同时也是园艺的典型象征,白色则代表和平、和谐。

中国馆的中央内庭园可以分为三部分,即江南庭园、北方庭园以及大理庭园,比较集中地表现出了中国园林园艺的风采,同时还是游人观光、休息的理想场所。

3. 竹园

竹园的位置在世博园的砚塘水库东南方向,竹园的占地面积达到1.7万平方米,地形呈狭长的带状分布,依山傍水(图6-44)。

图6-44　昆明世博园竹园

竹园内总共收集了各类竹植物达28属222种4000多丛。其中,具有典型观赏性的竹类是筇竹、黄金间碧玉竹、大佛肚竹、滇竹、苦竹等30多类,同时,也包括一些比较珍稀濒危的类型,如铁竹、针麻竹、贡山竹、梨滕竹、刺龙竹、中甸箭竹种,形成一种十分清幽高雅的环境氛围。竹园中同时也布置了竹排、红砂石凳、感应式大熊猫、竹宫灯以及蝴蝶泉等配套景观。

4. 茶园

茶园的位置坐落在世博园的中部主游路以及二号路间的坡

地上,茶园的南部和断崖景观隔水相望,占地总面积达到了 1.1 万平方米。由于其地处两条主要的游路中间,再加上其地势相对比较高,在充分展示出茶文化的特点的同时,也能成为游人驻足品茗观景的首要之选(图 6-45)。

图 6-45　昆明世博园茶园

地西北侧则开辟出了"精品园",该园中集中展示了中外茶树的精品品种。茶园的建设主要按照茶文化展厅、茶艺表演室、品茗馆等进行设计。茶文化展厅中主要展示的内容有茶的起源与发展、茶和文化、茶与民族团结、茶与人类健康、茶的综合利用。

除此之外,茶园中还设有茶艺表演、品茗场馆。经过专门培训的茶艺表演队能够向游客展示十分丰富而生动的茶艺表演,同时还编排了几套比较容易掌握、具有鲜明特色的冲泡方法,使游人可以和表演者共同观看、学习、品茶。或者是选取几套种类不一的茶样或者茶具,采用"自助茶"的形式,使游人能够依据自身的喜爱选取想要冲泡的品种,把人们引向一个雅俗共赏的品茗世界。

品茗馆中同时还配备了电视录放以及音响系设备,在品茗的同时,还能够放映和茶相关的录像作品。或者放送与茶有关、品味相对比较高的典雅音乐,如古典音乐、轻音乐或者古筝演奏等,能够比较充分地体现茶文化独特的艺术氛围。

参考文献

[1][美] 布思著；曹礼昆，曹德鲲译 . 风景园林设计要素 [M]. 北京：北京科学技术出版社，2016（重印）.

[2] 曹洪虎 . 园林规划设计 [M]. 上海：上海交通大学出版社，2011.

[3] 陈祺，刘粉莲 . 中国园林经典景观特色分析 [M]. 北京：化学工业出版社，2012.

[4] 董晓华 . 园林规划设计 [M]. 北京：高等教育出版社，2005.

[5] 樊欣，徐瑞 . 风景园林快题设计方法与实例 [M]. 北京：机械工业出版社，2015.

[6] 公伟，武慧兰 . 景观设计基础与原理 [M]. 北京：中国水利水电出版社，2013.

[7] 关文灵 . 园林植物造景 [M]. 北京：中国水利水电出版社，2015（重印）.

[8] 胡先祥，周创伟 . 园林规划设计 [M]. 北京：机械工业出版社，2007.

[9] 黄春华 . 环境景观设计原理 [M]. 长沙：湖南大学出版社，2010.

[10] 李开然 . 园林设计 [M]. 上海：上海人民美术出版社，2011.

[11] 李文 . 风景园林绘图表现 [M]. 北京：化学工业出版社，2008.

[12] 李铮生 . 城市园林绿地规划与设计 [M]. 北京：中国建筑

工业出版社,2006.

[13] 刘福智 . 园林景观规划与设计 [M]. 北京：机械工业出版社,2011.

[14] 刘磊 . 园林设计初步 [M]. 重庆：重庆大学出版社,2014.

[15] 刘扬,沈丹 . 风景园林理论探寻与设计案例 [M]. 北京：化学工业出版社,2014.

[16] 刘扬 . 城市公园规划设计 [M]. 北京：化学工业出版社,2010.

[17] 刘岳坤 . 风景园林快题设计方法与案例评析 [M]. 北京：人民邮电出版社,2015.

[18] 马建武 . 园林绿地规划 [M]. 北京：中国建筑工业出版社,2007.

[19] 曲娟 . 园林设计 [M]. 北京：中国轻工业出版社,2012.

[20] 任福田 . 城市道路规划与设计 [M]. 北京：中国建筑工业出版社,1998.

[21] 石宏义 . 园林设计初步 [M]. 北京：中国林业出版社,2006.

[22] 孙锦 . 中国古典园林设计与表现 [M]. 天津：天津大学出版社,2014.

[23] 王浩 . 园林规划设计 [M]. 南京：东南大学出版社,2009.

[24] 王其钧 . 诗情画镜：中国园林 [M]. 上海：上海锦绣文章出版社,2007.

[25] 王其钧 . 中国园林 [M]. 北京：中国电力出版社,2011.

[26] 王秀娟 . 城市园林绿地规划 [M]. 北京：化学工业出版社,2009.

[27] 王毅 . 翳然林水：棲心中国园林之境(第2版)[M]. 北京：北京大学出版社,2014.

[28] 吴国玺 . 风景园林规划与设计 [M]. 北京：科学出版社,2016.

[29] 吴肇钊 . 中国园林立意·创作·表现 [M]. 北京：中国建

筑工业出版社,2004.

[30] 徐文辉.城市园林绿地规划设计 [M].武汉:华中科技大学出版社,2007.

[31] 许浩.绿地系统与风景园林规划设计 [M].北京:化学工业出版社,2014.

[32] 杨赉丽.城市园林绿地规划 [M].北京:中国林业出版社,2012.

[33] 杨小波,吴庆书.城市生态学 [M].北京:科学出版社,2006.

[34] 杨至德.风景园林设计原理(第 3 版)[M].武汉:华中科技大学出版社,2014.

[35] 俞孔坚,刘冬云,孟亚凡.景观设计:专业、学科与教育 [M].北京:中国建筑工业出版社,2003.

[36] 蔺宝钢,吕小辉,何泉.环境景观设计 [M].武汉:华中科技大学出版社,2007.

[37] 翟艳,赵倩.景观空间分析 [M].北京:中国建筑工业出版社,2015.

[38] 郑强,卢圣.城市园林绿地规划 [M].北京:气象出版社,2001.

[39] 周初梅.城市园林绿地规划 [M].北京:中国农业出版社,2006.

[40] 朱黎青.风景园林设计初步 [M].上海:上海交通大学出版社,2016.

[41] 朱小平,朱彤,朱丹.园林设计 [M].北京:中国水利水电出版社,2012.

[42] 李霞.计算机辅助园林设计 [M].北京:北京理工大学出版社,2011.